ニューメディア「誤算」の構造

川本 裕司 著

リベルタ出版

目次

3　放送・通信の融合に揺れるケーブルテレビ　75

まえがき

「ニューメディアの幕開け」が語られたのは一九八四年のことだった。新聞をはじめとする当時のメディアは、「情報化」「衛星」「デジタル」といった次世代性をまぶした言葉とともに、夢に満ちた数々の未来予測を伝えた。ＩＮＳ（高度情報通信システム）、ＩＳＤＮ（総合デジタル通信網）、キャプテンシステム（文字図形情報ネットワークシステム）、テレポート構想、テレトピア構想などの地域情報化政策、ＣＳ（通信衛星）デジタル放送、ＣＡＴＶ（ケーブルテレビ）、ハイビジョン……。官庁が音頭を取り、企業もバスに乗り遅れてはまずいと横並びで参画する、という構図が繰り返されてきた。それから二十年余り。夢物語のような未来を描いたプロジェクトは、現実にどのような道をたどったのだろうか。

華々しく登場しながらその多くはシナリオが崩れ、実を結ぶこともなく消えていった。だが、幻想に終わったニューメディアの失敗の実態について追及する動きは鈍く、そのうちに忘れ去られていった。中央省庁の縦割りの弊害を反映した、税金の無駄づかいと思われる事業も見過ごされたままだった。

その一方で、誰もが予想していなかった速さで普及した新しいメディアもあった。代表例はインターネットである。NHKのBS(衛星放送)も、既存の地上波とは違う切り口に活路を見いだした。ただ、その発展の道のりについても記録に残されていない部分があった。

そこで、それぞれのプロジェクトが「失敗」に終わった理由や「成功」に至った要因について、当事者の証言にもとづいて解明する作業を試みようと考えた。

官庁や既存マスメディアのコントロールが利《き》かないインターネットが定着し、これまでの構造が一変しようとしている。揺れ動く放送と通信の境界はどこに設けられるのか。あるいは消えていくのか。法制面から見直す機運も高まりつつある。

その波をかぶる象徴がNHKである。日本でラジオ放送が始まったのは一九二五年、テレビ放送がスタートしたのは五三年、衛星放送の本放送は八九年からだった。いずれも先陣を切ったのはNHKあるいはその前身だった。放送の先駆的な取り組みをNHKがまず手がけるのが当然視されてきた。この暗黙の了解のもと、NHKはハイビジョンに代表される新規技術の開発に乗り出し、衛星放送など前例のない試みに積極的に参画した。白黒からカラーへ、地上波に加え衛星波もという「拡大」路線を歩んできた。

しかし、NHKの受信料収入は〇四年度に初めてマイナスに転じた。〇四年七月に発覚した「紅白歌合戦」プロデューサーによる制作費流用に端を発した不祥事の続出は、不払いにともなう罰則がないにもかかわらず高率の受信料納付率を誇っていた美しい神話を崩壊させるとともに、財政上の見直しを迫り、公共放送のあり方や存在意義まで問い直す事態となった。〇五年九月、NHKは「新生プラン」を発表したさい、不祥事にともなう支払い拒否・保留が約百三十万件と急増するなどして、契約対象世帯の三割にあたる千三百五十七万件が不払いになっていることを初めて公表するに至った。受信料収入の減少は〇五年度も続いた。

小泉純一郎政権の総務相だった竹中平蔵が〇六年一月に設けた私的懇談会「通信・放送の在り方に関する懇談会」は、NHKのチャンネル数を八から五へ減らし、娯楽・スポーツ制作部門を本体から分離すべきだとした報告書を六月にまとめた。規制緩和と新たな競争政策を柱とする新自由主義経済の観点による公共放送見直し論だった。翌〇七年二月には後任の総務相・菅義偉《すがよしひで》が「NHK受信料は二割の値下げが可能だ」と発言、放送法改正による受信料義務化を打ち出し、受信料値下げ議論が加速された。

〇七年九月に発表される見通しだったNHKの5カ年経営計画（〇八～一二年度）は、受信料を月額約七％値下げすることなどを盛り込んだ執行部案が経営委員会に承認されなかった。〇八年九月までに再提案されることになったが、これまで値上げされることはあっても引き下げられたことはなかった受信料について、NHK自身がこれまでの膨張志向から決別し、縮小の意向を明示したのは初めてだった。

NHKだけでなく、民放も視聴率の低下とCM売り上げの頭打ちという難局に直面している。「世界に冠たる」と形容されてきた公共放送と民放の「二元体制」は、行き詰まりを見せてきている。

NHKのあり方への問いかけは政府からだけ起こされているのではない。メディアプロデューサーの村木良彦は「複数の新しい公共放送局を立ち上げることも、選択肢のひとつとして考える時を迎えているのかもしれない」(『総合ジャーナリズム研究』二〇〇六年秋号)と、公共放送が二つあるドイツのようなありようを提示している。「NHKの組織形態を見直すべきか」という設問で日本経済新聞が〇五年一月に実施したインターネット調査によると、六三%が「民営化して、受信料制度も廃止すべきだ」と回答、「現在のままでよい」は七%にとどまった。朝日新聞が〇七年二月に実施した全国世論調査では、受信料について「高い」が六五%に達し、「支払い義務化」への賛成(四七%)は反対(四四%)をやや上回った。放送界の中核に位置してきたNHKのあり方を根幹から問い直す議論が盛んになったこと自体、メディアの転換期を示している。

さまざまな試行錯誤を経て世の中に定着した新しいメディアは、多くの偶然と紆余曲折を経験した末でのことであり、想定されない経緯をたどっていった。例えば、一般家庭に普及したハイビジョンは、開発したNHKが想定した形態のアナログ方式とは異なるデジタル方式の受像機だった。ハイビジョンを伝送するテレビとして当初から考えられていた「BSアナログ」のハイビジョンチャンネルの放送は〇七年九月三十日に終了した。

機能の優位性にせよ、低価格にせよ、理由のいかんを問わず、世の中に普及する流れが変わると、一瞬のうちに形勢が逆転する。世の中を席巻するメディアには、カギとなる新しい技術がある。これが、ニューメディアの雌雄を決する鉄則といえるかもしれない。その象徴がインターネットだろう。十年前、マスメディアを揺り動かす存在として、ネットを予想する人は皆無だったのも、たしかな事実である。言い換えれば、十年後のメディア状況を確実に予測するのは不可能に近いということを意味する。その爆発的な普及の経緯をたどると、インターネットに取り組んだ人々の出会い、善意、決断が今日の姿に至らしめたことがわかる。

これまであまたあったニューメディアの「誤算」の歴史をひもとけば、成功の方程式を探り当てられないにせよ、失敗を避ける方策のヒントを得られるにちがいない。

川本　裕司

二〇〇七年一〇月

（なお本書では、断りのない場合、肩書きは二〇〇七年七月一日現在のものとした。名前については、原則として敬称を略させていただいた）

衛星放送の本放送を前にＮＨＫ放送センター前に設置された公開受信テレビ（1989年２月）

第１部

技術環境の激変に揺れる「放送」

1　予想上回り普及したＮＨＫ衛星放送

ＮＨＫが一九八九年六月に本放送を始めた衛星放送（ＢＳ）は、二〇〇六年九月で千八百八十万世帯に普及[1]、契約件数が千三百一万件（〇七年五月現在）を数える。「ニューメディア」の普及は、当初の見通しをことごとく下回ってきた。しかし、ＢＳはＮＨＫ自身が見込んだ計画を超える契約数を達成してきた。八四年からの試験放送、そして本放送になってからも、放送衛星の故障や打ち上げ失敗が相次いだ。何度も瀬戸際に追い込まれながらも普及がすすんだのは、さまざまな幸運にも恵まれたからだった。九〇年以降、ＮＨＫに予想以上の収入をもたらしたＢＳは、テレビの内容、編成に新たな収穫をもたらした。その存在は戦略的チャンネルとして重みを増すと同時に、ＮＨＫ本体の運命を左右するアキレス腱的な存在であり続ける。

綱渡りの衛星運用

ＢＳを提唱したのはＮＨＫ会長の前田義徳だった。一九六五年八月、記者会見で次のように語ったことにさかのぼる。「欧米では衛星を使ったテレビ中継の研究が進んでおり、日本でも独自の衛星を持つべきと考え、近く放送衛星の打ち上げを検討する委員会を部内に設け、研究開発を始める」[2]。発想のきっかけは、六四年の東京五輪で米国の通信衛星シンコム3号をつかった衛星中継に成功したことだった。BSの目的は、NHKの義務である放送の全国普及（難視聴解消）と、ユネスコの方針を反映した東南アジアへのNHK教育放送の中継だった[3]。NHK放送技術研究所が開発し七二年に発表した回路で、従来より小型の直径六十～九十センチのパラボラアンテナによる受信が可能になり、実用化に近づく。

東南アジアへの放送や番組交換の構想はのちに後退した。

最大の目的は、山あいなど電波事情が悪い難視聴世帯の解消であり続けた。へんぴな地域に中継局を設けたり、ケーブルテレビをつくったりするよりは、全国へ一度に電波を送れるBSの方がかなり安上がりになる、という理屈だった。ところが、難視聴世帯数は調査のたびに減ってきていた。六五年度末に百八十万世帯だったのが七一年度末には百三十三万世帯、七五年度末に八十三万世帯となった。八〇年度末には四十六万世帯に減った。八三年度末には四十二万世帯となったものの、救済するためには約千三百億円かかる、とNHKは主張していた[4]。ところが、八四、八五年度の郵政省（現・総務省）調査では、約十万世帯とぐっと少なくなった。

BSのシステム研究などを手がけてNHK放送技術研究所所長となり、その後、放送衛星システム社長をつとめた泉武博によると、七八年に打ち上げられた初の実験用放送衛星「BS（ゆり）」では、予定より早く二年間で中継器（トランスポンダ）三本の送信用真空管の電源にすべてひびが入り、壊れてしまった。八四年一月、「BS－2a（ゆり2号a）」が打ち上げられた。順調にいけば二チャンネルの試験放送をする予定だったが、今度は電波を増幅する送信用真空管の内部で漏電し、三本の中継器のうち二本が故障した。このため、五月からの放送は衛星第一の一チャンネルだけになり、予備免許は「実用のための放送衛星局」から「放送試験衛星局」に格下げされた。当時、技術本部計画副主管だった泉は、視聴者に頭を下げる職員たちから「うまくいくと言っていたのに。一番の元凶だ」と冷たい視線を浴びたことが忘れられない。局内の廊下は端っこを歩くようになった。八六年二月打ち上げの補完衛星「BS－2b（ゆり2号b）」も姿勢を制御する電子装置に異常が発生したが、放送機能に支障はなく、同年十二月には試験放送を二チャンネルに増やすことができた。[5]

八七年一月、NHKは難視聴世帯向けの総合、教育テレビと同じ番組を放送するだけでなく、衛星独自の番組を流す方針を打ち出した。「三百数十億円を投下した衛星を難視聴世帯のためにだけ使っているのはむだ遣いにもなりかねない[6]」という理由をあげた。また、百万世帯に普及した時点で有料化する考えも示した。[7]難視聴解消を主目的としていた郵政省は八七年六月、二チャンネルのうち一チャンネル（衛星第二）は難視聴解消を目的とした総合、教育テレビの混合編成とし、もう一チャンネル（衛星第一）を衛星独自の番組を基本とするよう免許方針を修正した。翌七月からはこの方針にもとづいた編成に変わり、衛星第一で二十四時間放送を始めた。

予備の中継器がない「綱渡り」が続くなか、八九年六月には本放送に切り替え、衛星第二も二十四時間放送となった。

同年八月には有料化に踏み切った。軌道上二機態勢による安定運用をめざすNHKが独自に発注した補完衛星「BS‐2X」は、九〇年二月の打ち上げに失敗。九〇年八月の「BS‐3a(ゆり3号a)」は打ち上げに成功したが、その直後に太陽電池の電力が予定の四分の三にとどまるという故障が起こった[8]。九一年四月の独自衛星「BS‐3H」では打ち上げに再び失敗。バックアップ態勢がようやく整ったのは、同年八月の「BS‐3b」の打ち上げ成功からだった。

試行錯誤の草創期

放送衛星のつまずきで、BSは順風満帆の滑り出しではなかった。BSの番組制作にかかわった元NHK職員は「マイナーな番組が多く、とても採算ベースで成立するとは思わなかったし、局内でも悲観論が大勢だった」「慢性赤字体質のNHK財政の救世主になると本気で信じる人はNHKの中にも数えるほどしかいなかったのではないか」「スタジオに余裕はないと言われて、四畳半ほどのナレーション収録用ブースを使った。局のアナウンサーも人繰りがつかないとなって、外部の人材を起用した」と振り返る。「輝ける未来のニューメディア」という掛け声とは裏腹に、BSへの視線は冷ややかだった。

BSの試験放送が始まる前年の八三年、NHKの編成担当部長だった鈴木幹夫は衛星放送のプロジェクトにかかわった。八六年七月、衛星放送実施事務局(現・衛星放送局)の部長になった鈴木は、

ＢＳの二十四時間の番組表を検討したとき、「自分たちで作っていたら、とても間に合わない」と痛感した。また、地上波の番組とは異なる独自番組を流すモアサービスを志向した。ただ、局内の折衝では「あしたの放送に忙しいから後にしてくれ」「余計なことはするなよ」といった反応が少なくなかった。ＢＳの宣伝プロジェクトをつくったときは、局内で「『宣伝』っていうのはどうですか」と疑問を投げかけられた。ＮＨＫでは「広報」とか「周知」という言葉がつかわれていた。

のちに理事となる鈴木は、八九年四月までＢＳにかかわった。ワールドニュース、スポーツ、映画という、いまも変わらない番組の三本柱を固めた。動きが少なくテレビ向きではないと思われてきた将棋や囲碁を取り上げた。天井に取りつけた小型カメラで撮影、予想を超える反響を集めた。

八七年七月、衛星放送実施本部副本部長（局長）に就任した尾畑雅美＝現・未来をひらく日本委員会代表＝は、前任の報道局スポーツ報道センター長のとき、ウィンブルドンの全英テニスの放送権をテレビ朝日から奪い取った。大きな影響力を持つスポーツマネジメント会社ＩＭＧのトップに、地上波とＢＳで長時間放送できるＮＨＫの利点を訴え、約三年かけた交渉を実らせた。この大会の中継は、八七年からはＢＳの目玉番組の一つとなった。

衛星放送実施本部に移ってからは、ＮＨＫの地方放送局に足を運ぶと、「ＢＳが普及しなかったら、ＮＨＫはつぶれる。ハイビジョンも放送できないんだぞ。いまはＢＳに全力を投入しろ」とゲキを飛ばした。とにかく話題づくりを心がけた。

ＢＳの若者番組に出演したＡＶ女優が、生放送で性器や体位の用語を連発したことがあった。尾畑を呼びつけたNHK首脳が、「なにごとだ、けしからん」と怒りで震えていたことをいまも記憶しているが、「悪評も評判のうち。話題にならないのが一番よくない」と割り切っていた。

捨てられた「みなさまのNHK」

一九八八年七月に経営計画を担当する理事となった高橋雄亮《ゆうすけ》にとっての課題は、BSの有料化だった。まず、BSを独立採算で運営した場合の二チャンネル分の料金を試算すると、月額三千八百円で累積赤字がなくなるまで十年――。経営委員会で提示すると、高額ぶりを驚かれた。経理を分離する方式を捨て、八九年度からBS料金を月額千円で新設するとともに、同時に地上波の受信料も値上げする路線に転換した。結局、地上波の値上げは見送り、BS付加料金もケーブルテレビ業界などの反発などから値上げ額を圧縮、時期も四カ月遅らせることで何とか実現した。

BSの普及世帯数は、有料化前の八九年二月時点でNHKが掲げた見込みを大幅に上回った。八九年度が二百三十六万(NHK見込みは二百三十万)、九〇年度が四百五万(同三百三十万)、九一年度が五百四十三万(同四百四十万)、九二年度が七百一万(同五百七十万)、九三年度八百十万(同七百十万)。九五年度には一千万世帯を突破した。契約件数でも、二〇〇〇年二月に一千万件を突破した。

九三年から三年間、衛星放送局のチーフ・プロデューサーをつとめ総合企画室[経営計画]担当局長だった平賀徹男=現・国際メディア・コーポレーション取締役=は「BSは契約件数が五百万ぐらいまでは、宝塚ファンやペット愛好家といったセグメント化したターゲットを明確にした番組が目立ったが、その後は幅広い層を意識し、スペシャル番組だけでなく定曜定時の考え方を編成に導入した。経営面では、地上波の契約増が頭打ちのなか、BS付加料金の導入で風通しが良くなり、努力して収入を増やそうという民間マインドが培われた」と話す。

他方、営業現場では、BSを受信する世帯を探し出すため、集金スタッフのみならずNHK職員による「アンテナウオッチング活動」が展開された。[9] ニューメディアが、その立ち上がりで、当事者の見通しを超える伸びを見せたのはきわめて珍しい。例外ともいえる成功だった。

「成功」の要因は何だったのか。それは、良くも悪くも「みなさまのNHK」を捨てたことにあった。

八八年のカルガリー冬季五輪のとき、日本人選手のメダルの期待が高かったスピードスケート男子五百メートルなどで生中継したのはBSだけだった。総合テレビは録画放送だったため、視聴者から抗議が寄せられた。五輪のBS放送について、尾畑は「骨までしゃぶり尽くせ」と命じていた。視聴者からの批判を覚悟したうえでの判断だったといえる。

総合テレビの「朝の連続テレビ小説」の前や「夜七時のニュース」の後に、BSの宣伝スポットを連日流した。「見られない番組をなぜ宣伝するのか」という批判を受けながら、視聴者の焦燥感を煽った。八八年に理事・放送総局副総局長となった青木賢児＝現・宮崎県立芸術劇場理事長兼館長＝は、「批判はあっただろうが、BSを定着させるための宣伝は当然のことだった。当時は死に物狂いだった。新しいメディアは最初に耕した者が強い、早い者勝ちの世界」と話す。

経理上は、BSは地上波を含めたNHK全体の予算で処理され、完全な独立採算ではなかった。九二年度から単年度黒字となり、九四年度に累損赤字を一掃できる計画だった。現実には、九二年度には五十四億円の黒字を計上、累損一掃は九八年度だった。

幸運が重なって

青木は、有料化を控えたBSの番組について、局内にさまざまな反対論があったことを覚えている。

「外国の正体のわからないニュースを流していいのか。編集権をどう考えるのか」「ソ連や中国といった社会主義国のニュースをそのまま流せば、プロパガンダと批判されかねない」「米大リーグを放送したって、誰が関心をもつというのか」「早朝に米国のゴルフを放送しても見る人間はいない。受信料のむだづかいだ」。結局、これらの意見は抑えられ、海外のありのままのニュースとスポーツが売り物になった。青木は「BSには、視聴者が見たい、新しい時代を切り開くような番組が求められていた。細切れではなく、必要なことを必要なだけ自由に伝えられるチャンネルは斬新だった」と述べた。

八七年、ブラックマンデー。八九年、天安門事件、ベルリンの壁崩壊。九〇年、東西ドイツ統一。九一年、湾岸戦争、ソ連消滅。世界史を揺るがす大事件が続発した。スポーツの世界では、米大リーグに九五年、野茂英雄が登場、二〇〇一年にはイチローがデビューした。活躍を連日伝えるBS

の普及に大きな弾みがついた。青木は「普及見通しはあてずっぽうだったと思うが、いろんな幸運が重なって予想以上に伸びた」と回顧する。

「NHKじゃありません」

「ワールドニュース」は一九八六年十二月、BSが二チャンネルに拡充された際に衛星第一で始まった。ロンドン支局長だった高島肇久《はつひさ》＝現・学習院大特別客員教授＝は開始前から相談に乗る一方、「内容がしっかりしているBBCのニュースを、ぜひそのまま見せたい」と強く売り込みもした。衛星第一が二十四時間放送化された八七年七月以降、平日はロンドンとニューヨークからそれぞれ連日四時間（うち二時間は再放送）にわたり伝えた。

高島は「どんなニュース素材があり、それをどう伝えているのかを通し、世界の今がありのまま見えて、比較もできる。世界といつもつながっている感覚が新鮮に受け止められたようだった。東欧などでニュース映像の提供を交渉すると、本当に衛星放送をやるのか、と驚かれた。新しい実験をしよう、野心的なことをやろう、という空気に満ちていた」と話す。

ただ、BSで扱うのはもっぱら海外ニュースだった。国内の政治、社会記事などは少なかったという。「総合テレビより先にBSでニュースが流れることに、記者が抵抗感を強くもっていた」と高島。八八年に国際部長として帰任し、のちに報道局長になってからも、この傾向は続いたという。

八九年の有料化を前に、放送権交渉に長く携わってきたスポーツ報道センターのエグゼクティブ・ディレクターだった川村浩史は、BSのスポーツソフトについて助言を求められた。NHKが放送権を持っていた国内外のソフトは九十数本だった。膨大な放送時間枠を埋めるために提言したのは、米国のプロスポーツである大リーグ、NBA（バスケット）、NFL（アメリカンフットボール）、PGA（ゴルフ）の放送だった。ゴルフは青木功が優勝した実績があったし、大リーグでは日本人選手が登場する可能性がゼロではないと思っていた。実際に、野茂が九五年に移籍したドジャースで大活躍した。BSでは登板した三十試合を完全中継した。当時、サッカーへの関心はあまり高くなく、Jリーグもない時代だけに取り上げなかった。

川村は言う。「長年の経験で、スポーツイベントは十年放送すれば一回は当たることがわかっていた。我慢比べみたいなもの。当時はCSデジタル放送などもなく、衛星放送権の競争相手がいなかった。交渉では、BSで放送してスポーツを育てていくので協力してほしいと説得した」。理事会にかけることになっていた一億円以上の契約は、五輪を除けば大相撲やW杯サッカーなど一握りだったという。九二年のバルセロナ五輪から「BSは、ぜんぶやる」の宣伝コピーが始まった。五輪の長時間放送は普及の大きな原動力となった。

衛星放送実施本部のエグゼクティブ・プロデューサーだった長屋龍人＝現・メディアプロデューサー＝は、九〇年からの三年間、衛星第二の編集長をつとめた。新しい文化の創造をめざすチャンネルとして、①スペシャル・集中編成、②丸ごと・フルテキスト主義、③ハイグレード＆パーソナル、という編成方針を打ち出した。「NHKじゃありません」と地上波との違いを強調した。

BSの番組は視聴率が出ない。BSに対する視聴者の声を集めようと、副本部長だった上司の鹿野菊次郎＝現・ジュピターエンタテインメント会長＝とともに、秋葉原の電器店の関係者と定期的に会食していた。そんな折り、「BS吟行俳句会中継」を、国会中継のため中断したことがあった。するとと、三、四百本の抗議電話が殺到した。このハプニングで手ごたえを得た。八九年十月から午後十時に設けた「衛星映画劇場」では、「ヒッチコックの世界」や「日本映画の巨匠監督シリーズ」といった並べ方の妙で視聴者を引きつけた。

民放も参入

NHK総合との違いを意識していたBSが、逆に地上波の番組づくりに影響を与える例があった。ディレクターの相田洋《ゆたか》が手がけた「NHK特集・自動車」は一九八七年、総合で四部作として放送された。しかし、集めた映像素材は五百時間余りあった。アナウンサーの問いかけに、相田自身が取材秘話を語る「自動車―日米世紀の興亡」は、衛星第一の十二回シリーズとして十時間以上放送された。映像とともにエピソードを紹介する形式は、のちの「NHKスペシャル・電子立国日本の自叙伝」などに引き継がれた。(10)

民放にもBSの番組に注目する人間がいた。テレビ朝日の編成局長、常務を歴任した神村謙二は、二〇〇四年にビーエス朝日（テレビ朝日系）社長に着任したとき、「NHKのBSを研究しろ」と命じた。一つの県をたっぷり特集する「おーい、ニッポン」や、八日間にわたりハイビジョンで生中継し〇五年七月に放送された「世界遺産 イタリア縦断1200キロ」のように、BSにしかできない番組の開発に取り組めないか、という思いからだった。

地上波しかない民放キー局は、地上波もBSも持つNHKには不公平感を抱き敵視する半面、BSという市場を開拓する先駆者への期待も寄せていた。二〇〇〇年十二月にBSデジタル放送が新たに始まると、NHKと民放は普及をめざす「仲間」になった。九九年三月時点で、NHKのBS(アナログ)普及は約千四百万世帯。BSデジタルの視聴には専用の受信機が必要となるが、アナログの視聴者がどれくらい移行したかはわかっていない。BS日本(日本テレビ系)の初代社長だった漆戸靖治=現・BS日本最高顧問=は、「BSデジタルは地上波と違い、専用のB-CASカードを受信機に挿入しないと正常に受信できないので、視聴者の捕捉が百パーセント可能で、受信料を取りやすい。だからNHKは力を入れている」と分析する。その一方で、ビーエス・アイ(TBS系)社長の生井俊重は、「BSデジタル受信機の普及が開始当初に伸び悩んだことから考えると、一千万世帯以上あったBSアナログの視聴者数とBSデジタルの普及はあまり関係がなかった」と言う。

〇六年一月末で、BSデジタルが受信可能なのは千三百八万世帯。最近は伸びが著しい。BSデジタル局の間では、〇六年十二月に二千万世帯を突破、〇七年中に三千万世帯に普及する見通しだ。BSジャパン(テレビ東京系)の開局時の社長だった池内正人=現・BSジャパン顧問=は〇六年初め、「BS民放デジタルの売上高は予想の六、七割で、各社とも赤字だが、世帯普及はこの一年半ほどは見通しを超える勢いで伸びている」と語っていた。

ただ、民放BSデジタル局は地上波のキー局とは別会社のため、NHKのように、キー局がBS番組の宣伝スポットを無料で優先して流してくれるということはない。より高いCM料金を支払う企業が優遇される。ビーエスフジ(フジテレビ系)元社長の白川文造＝現・ビーエスフジ取締役相談役＝は、「フジテレビがビーエスフジのCMを無料で流したら贈与にあたり、株主代表訴訟を起こされかねない」と指摘する。

〇五年六月にビデオリサーチがBSデジタルの視聴状況について、全国の約千九百人を対象に調べた。その結果は、午後七～十時のBSデジタルの接触率は一五・七%だった。このうち六六%は無料の民放五局の数字で、NHK三波の三四%を超えて予想以上に高かったことから、民放BSデジタル局は自信を深めている。〇六年度決算でも、ビーエスフジとBSジャパンが初の黒字を達成、〇七年度には他のBSデジタル三社も黒字を見込んでいる。

ひそかに検討された「分割・民営化」

二〇〇五年十二月二十一日、政府の規制改革・民間開放推進会議(議長＝宮内義彦・オリックス会長)は第二次答申で、NHKの受信料制度や保有チャンネル数の見直しについて〇六年度の早期に結論を出すよう求めた。BSデジタル放送については、電波に暗号をかけて有料放送にする「スクランブル化」を検討課題にあげた。NHKの一連の不祥事を原因とする受信料の不払いと保留、未契約者が契約対象者の約三割になったことをふまえ、宮内は同月六日の政府の経済財政諮問会議で、「受

信料制度はすでに破綻した」とも述べていた。(11)

さかのぼると、宮内は二〇〇〇年にも、規制改革委員会の委員長としてNHKのBSデジタル放送のスクランブル化を提言したことがある。かねての持論を再び打ち出したと映る。

しかし、宮内の提言より前、NHK内部に、「分割・民営化」をひそかに思い描いていた人物がいた。元会長の島桂次である。

九一年七月にNHK会長を一期目途中で辞任した島に、筆者は会ったことがある。九三年三月だった。当時、BSは普及世帯数が七百一万（契約は五百万件）に達し、単年度では黒字に転換していた。NHKの経営形態について、島は大胆な再編案を持っていたことを打ち明けた。「九七年打ち上げ予定の次期放送衛星BS‐4のチャンネル割り当てが九二年にはっきりした時点で、NHKを二つに分割する構想があった。総合テレビとラジオ一波、難視聴解消用の衛星一波を（従来型の）『第一NHK』に、教育テレビとラジオ一波、残りの衛星一波などを『第二NHK』として第三セクターか民営化する。教育テレビは放送大学と一緒にしてもいいと考えていた。会長のままいたら、今ごろは実施していた」と。(12)民放などからNHKの巨大化批判はあったが、NHKの内外で当時は「分割」や「民営化」についての具体的な検討はほとんどなかった。驚くに値するアイデアだった。

島の「分割」や「民営化」案は外部には漏れなかった。しかし、島の周辺で「民営化」構想を察知していた者がいた。

NHK専務理事をつとめた尾畑雅美だ。尾畑は九〇年にNHKが受信料（地上波カラー）を二八％と大幅に値上げしたさい、総合企画室を担当、国会や郵政省などとの渉外を手がける理事だった。六年ぶりだった受信料値上げを盛り込んだ九〇年度のNHK予算案が承認されたあと、島が言った。「NHKの連中は、カネが自然に湧いてくると思っている。このカネでNHKは腐敗するぞ。早く改革をやらなきゃ」。前年の八九年八月にはBSが月額九百三十円で有料化された。対外的には「九〇年に値上げしたあと地上波の受信料は五年間据え置く」と説明されていた。だが、島も尾畑も「二度と値上げできない。だからこそ大幅に上げる」という考えで一致していた。NHKが手本としてきた英BBCは財政難に陥り、サッチャー政権から広告放送導入を求められた。視聴しない世帯からも料金を徴収する受信料制度がいつまで持つのか。値上げで資金が潤沢なうちに「お上」ではなく自らで在り方を決めよう、という腹づもりだった。

民営化案などが明るみに出れば、すぐつぶれる。だから、将来の経営形態を自由に議論したわけではない。その中で、「NHKが生き延びるためには、民放にニュースや国際的な映像で圧倒的に勝ち続けるのが第一の条件」「仮に民営化しても、教育や歴史・自然などの番組で信頼をかちとるものを続けられるか」「CMを流すとしても、民放が扱っていない外国企業に限定するしかないか」といったシミュレーションを首脳陣は頭の中で行なっていたのでは、と尾畑は振り返る。

尾畑は労務・人事担当となり、九一年四月には専務理事に昇格した。同時に、職員を最終的には三分の一へと大幅に削減する構想を練っていた。しかし、「報道局は減らせない」といった反発を受けたという。実現への着手を前に、九一年七月、島は会長辞任に追い込まれ、尾畑も青木とともに翌月にＮＨＫを去ることになった。

的中したシマゲジ予言

一九八八年に理事となり、のちに専務理事・放送総局長となった青木賢児は、島より早く公共放送存続への危機感を募らせていた。通信衛星（ＣＳ）などをつかったテレビのチャンネルが次々に増える中で、地上波しかなかった時代に生まれた受信料制度が永遠に続く確信は持てなかった。ＢＳをもったＮＨＫに対する多チャンネル化批判が強まっていた。

衛星放送や関連団体を担当した青木は、ＢＳが有料化された八九年ごろ、島に「ＢＳが経理面で独り立ちできるようになったら、ＮＨＫから切り離し民営化して定着させるべきではないか」と問いかけたことがある。そのとき、島は「ＮＨＫから独立して（放送を）やったことはない」と反対した。

「新しい公共放送の構築」と「親方日の丸体質の一掃」を会長就任時に掲げた島は、関連団体を再編した。民間企業から幹部を招き、収益力の強化に力を入れたが、「商業化」と批判された。

さらに、欧米の放送局と提携し映像と情報を交換する二十四時間のニュースネットワーク構想「ＧＮＮ（グローバル・ニュース・ネットワーク）」を九〇年十二月、東京・有楽町の外国人特派員協会で公式に発表。[13] 九一年四月十六日には米ラスベガスであった全米放送事業者連盟（ＮＡＢ）の総会で、アジアからの情報発信をＮＨＫが担当する具体的な計画内容を講演し、記者会見では、「パートナーはまだ決まっていないが、事業費は十億ドル（約千四百億円）と見積もっている」と説明した。[14]
二日後の同月十八日、米ケープカナベラル（フロリダ州）で補完衛星BS－3Hの打ち上げが失敗に終わったとき、島はラスベガスから移動してロサンゼルス（カリフォルニア州）のホテルにいた。ところが、帰国後の同月二十四日にあった衆院逓信委員会で、「（衛星を製作した）GE（ゼネラル・エレクトリック社）のヘッドクオーター（ニュージャージー州）にいた」と答弁した。この虚偽答弁が発覚し、命取りとなった。BSに絡む米国出張についての発言が墓穴を掘ったのだった。
辞任翌月の九一年八月、BS－3bは打ち上げに成功、放送衛星の態勢は安定した。普及も順調にすすみ、NHKの収入は増え続けた。BSは二〇〇〇年度までに累計百一億円の黒字を計上し、「孝行息子」と呼ばれた。BSハイビジョンの本放送開始で支出が急増したが、九〇年以降は受信料を値上げせずに済んできた。島以降、NHK会長を引き継いだ川口幹夫、海老沢勝二、橋本元一の三人は「公共放送堅持」の姿勢を貫いてきた。二〇〇四年、番組制作費の詐欺事件に発展した音楽番組担当のチーフプロデューサーの不正支出問題を皮切りに、野放図な経理処置が次々に明るみに出る。島の「腐敗する」という謎めいた予言が、時を経て的中した形となった。
そして受信料不払いが激増した結果、経営形態見直しの議論が始まった。〇六年一月に始まった総務相竹中平蔵の私的懇談会「通信・放送の在り方に関する懇談会」（座長＝松原聡・東洋大教授）は同年六月六日にまとめた報告書で、NHKが保有するテレビとラジオの八チャンネルは公共放送として多すぎるとして五チャンネルに削減し、衛星放送は一チャンネルで十分だとする改革案をまとめた。同月二十日の政府与党合意では削減チャンネル数は明示されなかったが、受信料の値下げや義務化の検討が表明された。〇七年一月には、総務相の菅義偉が「受信料二割値下げ要請」を打ち出した。値下げというこれまで体験したことのない縮小路線にＮＨＫは向き合わざるを得なくなったのだ。

【注】

（1）一九九一年二月までは日本電子機械工業会が調べたＢＳアンテナ、受信機器の出荷台数をもとにＮＨＫが推計。それ以降は中央調査社の「耐久消費財の普及状況調査」などを基本に算出。

（2）ＮＨＫ編『20世紀放送史（下）』、日本放送出版協会、二〇〇一年。

（3）今田恒夫・高尾廣・安藤博「実験用放送衛星（ＢＳ）打ち上げへの道」、『放送研究と調査』一九九五年四月号、日本放送出版協会。

（4）一九八四年一月二十四日付朝日新聞朝刊。小笠原諸島（東京）と南・北大東島（沖縄）は、八四年の試験放送開始で本土と同じテレビが見られるようになった。

（5）前掲の『20世紀放送史（下）』によると、ＢＳの受信世帯は一九八五年三月末で四万六千、八六年三月末では八万八千だった。

（6）一九八七年三月二十四日の衆議院逓信委員会におけるＮＨＫ会長川原正人の発言。

（7）ＮＨＫ会長川原正人は、一九八五年三月二十八日の参議院逓信委員会で、「将来の衛星だとかハイビジョンということが私どもすぐに新しい仕事とし、新しい収入へどうしてもつなげたくなってくるわけであります。そうしませんと、今の受信者に必要以上というか、負担をまたおかけせざるを得なくなってくる」と述べた。八八年三月二十四日の衆議院逓信委員会では、衛星放送受信料について問われ、「日本人の感覚で五十万とか百万とか二百万というのがあらゆる意味のメルクマールになると思うのです。百万のときにはある種の決心をしなければならぬと思っています」と答えた。普及が百万世帯を超えたのは八八年十月。

(8) 一九九一年四月から日本衛星放送(現・WOWOW)が本放送(試験放送は九〇年十一月スタート)を始め、BSは三チャンネルとなった。中継器の電力不足のため、夏至前後は三チャンネルが無理となったが、九一年五月末で設計上の寿命を迎えるBS‐2bを再登板させ、夏場はWOWOWが二十四時間放送を短縮することで何とか乗り切った。

(9) 中山亮一『BS灰神楽の記』(生涯学習研究社、一九九九年)に、南西向きのパラボラアンテナを見つけ出すポイントをベテランが紹介している。「●西から東に歩く方が見つけやすい。／●歩くのは道路の南側で、主に北側を見る。／●まず遠方を見渡し、高いところを眺める。そばへ行くと『灯台もと暗し』で見過ごすことも。／●通りをひとつ歩いたら振り返り、逆方向を見る。／●東側、北側入り口の並びは比較的分かりにくい。／●設置の家は続いていることがある。～まつたけ現象～／●電器店の近くには比較的多い」

(10) 中山、前掲書。

(11) 日本経済新聞、二〇〇五年十二月七日付朝刊。

(12) 島桂次は著書『シマゲジ風雲録』(文藝春秋、一九九五年)で、「いまの受信料ですら徴収が限界にきているのだ。いくら国会で値上げが承認されても、現実的に集めることは不可能に近い。私見を述べれば、NHKは解体分割を辞さない決意で地上波、衛星放送波、ラジオ電波のいくつかを整理すべきなのだ。具体的には現行の十一波(地上波テレビ二、衛星放送波二、海外放送を含むラジオ四、文字放送一、映像国際放送一＝平成七年四月放送開始、ハイビジョン実験放送一)を、地上波二、衛星一、ラジオ三程度に縮小する。少なくとも衛星放送二波のうち一つは返上すべきである」と記している。

(13) 島桂次『電子の火――インターネットで世界はどう変わるか』、飛鳥新社、一九九五年。

(14) 朝日新聞、一九九一年七月十九日付朝刊。

2　波乱に満ちたハイビジョンの道のり

国際規格統一の夢と挫折

フルスペックハイビジョンを搭載、大画面の液晶ハイビジョンテレビ、プラズマ新時代へ、新世代大容量光ディスクのブルーレイディスク、ハイビジョンにはＨＤ ＤＶＤ……。

二〇〇六年十月上旬、千葉・幕張メッセで五日間開かれたＩＴやＡＶ機器の国内最大の展示会「ＣＥＡＴＥＣ（シーテック）ＪＡＰＡＮ ２００５」で、最も熱気を帯びていたのは電機メーカー各社が出展した、薄型テレビがひしめく一角だった。そのキーワードはハイビジョンだった。テレビで高精細画面を映し出し、ビデオで画質を落とさず録画する。ＮＨＫが開発したハイビジョンはいまや標準的な装備として定着し、新商品では欠かせないものとなっている。既存のテレビに比べ五倍の情報量を誇り、誕生以来つねに注目を集める技術ではあったが、その道のりは波乱に満ちていた。

ソニー独走の礎

ＮＨＫ技術研究所（現・放送技術研究所）[1]が現行テレビ[2]の次のテレビ方式を検討しはじめたのは、東京五輪が開催された直後の一九六四年だった。テーマとして立体映像と高精細画像のテレビがあげられた。立体映像はきわめて難しく、奥行きを感じると目に疲れが出る難点があり、視覚特性などの研究に取り組むことになった。

ハイビジョン（ＨＤＴＶ）[3]の開発が始まったのは七〇年。七七年に走査線は千百二十五本、画面の縦横比を三対五とする暫定規格を定めた。[4]

ＮＨＫの独壇場がつづくなか、独自の取り組みをしたのがソニーだった。

七八年五月、ソニー常務だった森園正彦は、ＮＨＫ技研の一般公開でハイビジョンを初めて見た。画面のきれいさにハッと息をのんだ。「これが次世代のテレビだ」と直感した。その直後、名誉会長の井深大《まさる》と会長の盛田昭夫に、「ＮＨＫの技研に行って見てきてほしい」と頼んだ。二人は一週間もたたないうちに技研を訪れた。

森園は技研にハイビジョンのモニターとカメラがあったことから、手がけるとしたら目玉はＶＴＲ（ビデオテープレコーダー）だと狙いをつけた。井深と盛田に開発を申し出ると、「いいだろう、やれよ」。即座に了解を得た。業務用の放送機器を製造する厚木工場（現・厚木テクノロジーセンター）を中心にチームが設けられた。

技術的に厳しい注文をつけることから畏敬の念もこめて「鬼」と呼ばれていた森園は、公開され

「CEATEC JAPAN 2005」に展示された65インチのシャープ製フルスペック液晶ハイビジョン

ている技術をもとに、ソニーの社員だけで開発するよう指示した。厚木工場にあった情報機器事業本部の第二事業部長だった谷村洋がVTRの責任者となり、十人足らずのチームを組み、一年で試作機を完成させた。部品のヘッドの数が通常テレビ用なら四個ですむのが、ハイビジョンの場合はその四倍が必要だった。このほか、業務用カメラには五、六人が担当、モニターは大崎工場の十数人が手がけた。

ソニーは八一年四月、世界初のハイビジョンVTRシステム「HDVS(High Definition Video System)」を発表した。VTRのみならず、モニター、プロジェクター、カメラという撮影・記録・再生の一貫システムが披露され、注目を集めた。

ただし、森園によると、NHKの技術幹部からは「あいさつがなかった」と叱られたという。当時技研にいた研究者の一人は、技術系トップが「一緒に開発しないのなら、ソニーは今後出入り禁止だ」と怒っていたのを覚えている。

その後、両者は共同歩調をとる。それでも、この独自開発こそが初期のハイビジョンの受像機や放送機器の領域でソニーが独走する礎《いしずえ》となったことは間違いない。

世界に三台しかないカメラ

テレビ制作者の間でも、ハイビジョンに対する関心は高まっていた。

テレビマンユニオン社長だった村木良彦は、一九八二年ごろ、やはりNHK技研の一般公開でハイビジョンの映像に初めて接した。研究所の玄関を中継する画面からは、一人ひとりの顔の表情がくっきりと見てとれた。画質のよさにとどまらない可能性を感じ、社内で折にふれて語っていた。

すると、テレビマンユニオンの同じ創立メンバーだった吉川正澄が、技研でハイビジョンを担当していた杉本昌穂《まさお》と高校の同級生であることがわかった。村木は紹介を得て、のちに技研所長となる杉本としばしば会うようになった。放送技術の国際展示会に足を運ぶと、きまって顔を合わせたのが杉本と、ソニーの谷村だった。

村木は、国内ではNHK以外でハイビジョンソフト制作を最も早く手がけた一人だ。八四年八月、素肌の女性が化粧で変わっていく様子を描いた「The Make Up」という十三分間の作品を手がけた。このとき、ハイビジョンのカメラは世界に三台しかなかった。NHKに貸し出しを依頼したが、難航した。谷村が厚木工場にあったカメラの空いている時間を教えてくれて、撮影が実現した。ソニーはハイビジョン放送機器のPRと実績づくりのため、映画監督のフランシス・コッポラらには積極的に貸し出していた。村木は電機メーカーや広告会社、印刷会社などでハイビジョンに関心をもつ人を集めて高品位テレビ・ソフト開発研究会を発足させ、ハイビジョンとのかかわりを深めていく。

次世代テレビ世界標準の野望

ハイビジョンのテレビと作品が、世界に先駆けて日本で生み出されていた。その象徴が、一九八五年の科学万博「つくば博」でコズミックホールに設けられた四百インチのスクリーンに投射された映像だった。のちに電通顧問・メディア開発局長に転じるNHKの和久井孝太郎らが実現に奔走した。また、NHKが八四年一月に開発し、衛星放送一チャンネル分でハイビジョン放送を可能にした「ミューズ方式」[5]の地上実験もこの万博会場内で行なわれた。

こうした実績をもとに、NHKはハイビジョンの放送方式を次世代テレビの世界標準にしようと計画した。既存の放送方式が三つに分かれていて、走査線の本数や毎秒の画像枚数を示すフィールド周波数が異なるため、方式がちがう番組を放送しようとすると、いちいち変換しなくてはいけなかった。

ハイビジョンの規格には、番組制作の基本となる「スタジオ規格」と、放送局から家庭へ送る電波にのせるさいの「伝送規格」の二種類がある。このうちスタジオ規格についてはデジタル技術が採り入れられている。アナログ（ミューズ方式）かデジタルで議論となったのは伝送方式である。

日本がハイビジョンのスタジオ規格統一を国際会議で初めて提案したのは八六年五月。ユーゴスラビア（現・クロアチア）のドブロブニクで開かれたCCIR（国際無線通信諮問委員会）の総会でのことだった。[6] 日本は米国、カナダとともに、走査線千百二十五本、フィールド周波数六〇ヘルツの「1125／60方式」（日本国内のフィールド周波数は九八年に六〇ヘルツから五九・九四ヘルツに変更）を共同提案した。米国ではCBS副社長のジョー・フラハティーらがNHK方式を支持していた。

NHKは、この場でハイビジョンの規格が認められるのでは、と期待していた。しかし、欧州諸国が反対した。最初のつまずきだった。技研テレビ研究部副部長でCCIR総会に参加した西澤台次＝現・コンサルタント＝は「日本で欧州向けの方式変換装置を開発し、EBU（欧州放送連合）は懸案となっていた周波数にも同意していたが、EC（欧州共同体、現・EU）でひっくり返された。欧州の電機メーカーに打撃を与えると懸念したためだったようだ」と指摘する。

この前後、NHKの和久井は訪れたオランダの電機会社フィリップス社で、「ハイビジョンで日本はいばりすぎだ。一緒にやる気はないのか」と言われ、驚いたことがあった。

翌八七年のCCIRで、欧州側は走査線を既存の二倍にした「1250／50方式」を提案し、亀裂は決定的になった。

この年には、日本寄りの姿勢を示していた米国も、「1125／60方式」の全面的支援ではなくなり、次世代テレビ「ATV（Advanced Television）」の議論を始めた。

九〇年五月、西ドイツ（現・ドイツ）のデュッセルドルフであったＣＣＩＲ総会では、ハイビジョン画面の縦横比を九対十六とすることや、画素数を走査線一本（水平方向）あたり千九百二十、垂直方向では千八十とする「勧告七〇九」が採択されたが、走査線数やフィールド周波数といったスタジオ規格の基幹部分は決まらなかった。[7]

郵政省の放送行政局技術課長だった榊原盛吉＝現・東京ケーブルビジョン理事長＝は、「勧告のパート１で日本と欧州の両方式の併記となったが、パート２では画素数など画面の共通部分について合意にこぎつけた。番組の交換が容易になる、最低限の成果は得られた」と振り返る。

九一年のＣＣＩＲ総会では、伝送規格について、日本のミューズ方式に対抗して、欧州が同じアナログの「ＨＤ－ＭＡＣ方式」を提案し、両方式とも翌九二年の総会で勧告として承認された。その後、走査線を二倍にしたＨＤ－ＭＡＣ方式は実用化に失敗。二〇〇〇年三月のＩＴＵ－Ｒで、[8]スタジオ規格は総走査線数千百二十五本、有効走査線数千八十本の「１１２５／１０８０方式」、水平方向の画素数では千九百二十に統一された。

デジタルの黒船

規格の国際統一をねらっていた日本にとって、欧州との対立に続く二つ目のつまずきは、独自方式をめざす米国の動きだった。

一九八七年一月には、ＮＡＢ（全米放送事業者連盟）に招かれワシントンで実施したＮＨＫによるハイビジョンのデモンステレーションは、画像の鮮明さで評判を取った。[9] この年の十一月、米国はFCC（連邦通信委員会）にACATS（ATV諮問委員会）を設け、次世代テレビATVの検討を始めた。この決定は、日米貿易摩擦とは無縁ではなかった。米国でも日本製のテレビやVTRが存在感を誇示していた。欧州と同様に、次世代のテレビが日本の電機メーカーに席巻されるのを恐れて、日本方式への同意を取り下げたと見られた。

ACATSは地上波一チャンネル（六メガヘルツ）で放送できることを条件としていた。先行していたはずのミューズ方式はそのままでは無理となった。九〇年六月、米国の通信機器メーカーGI（ゼネラル・インスツルメント）社が前年に開発した画期的なデジタルの放送方式「デジサイファー」を提案した。九一年から始まった選定のための実験に、NHKは六メガヘルツで放送できるように改良したナローミューズ方式を出した。六つの候補のうち唯一のアナログ方式であり、結果は落選におわった。

フジテレビ媒体企画部長としてハイビジョンにかかわっていた関祥行＝現・同社技師長＝は九〇年九月、英国ブライトンであったIBC（国際放送展）に出展されていたGIのデジサイファーを目の当たりにして衝撃を受けた。映像のきれいさも驚きだった。帰国して「黒船襲来」になぞらえたペーパー「ディジタル放送の曙」をまとめた。予想だにされていなかった事態を伝える書類が、日本全国の関係者の間をかけめぐった。

他の一つが提案を撤回し、残る四方式も不十分とされたが、提案した七つの企業・研究機関[10]が九三年五月に「グランドアライアンス」と呼ばれる大連合体を結成し、デジタルの新方式をめざすことになった。この年には、伝送方式を含めすべてデジタル化することが決定された。翌九四年には統合案が示され、九五年十一月にACATSがFCCに統合案を勧告した。

一方、FCCは九六年、①有効走査線数と有効水平画素数が各千八十本、千九百二十画素の飛び越し走査（インターレース）、②同七百二十本、千二百八十画素の順次走査（プログレッシブ）、③同四百八十本、七百四画素の順次走査の三つを基本とする規格案を発表した。①はハイビジョン規格に近く、②の順次走査はコンピューター画面と親和性が高いものといえた。紆余曲折を経て、国際規格とは異なる米国の規格づくりはこうして落着した。

MPEG2の衝撃

さまざまな放送・通信機器に使われている画像圧縮技術「MPEG2」[11]。このデジタル技術が確立したのは九四年だった。

これに少しさかのぼるころ、NHKのOBが書いた雑誌論文が波紋を広げていた。元アメリカ総局長、日高義樹＝現・米ハドソン研究所首席研究員＝が退職直後、月刊誌『プレジデント』九三年七月号に執筆した「NHKは『敗北』を認めよ」。「ハイテク日本に『暗雲』――巨費を投じた『ハイビジョン・システム』は世界で孤立する」という副題がついていた。米国のATVや、この年に始まった欧州でのデジタル化の動きを取り上げ、「日本はハイビジョンで孤立するだけでなく、地上波によるアナログ方式の一般放送でも世界に孤立する。文字通り、日本のシステムだけが取り残されてしまうのである」と刺激的な警告をした。

この文章を発表した背景について、日高は「デジタルによる多チャンネル化の流れと、衛星放送ではなく光ファイバーによるケーブルテレビが主流となる動きがあった。ハイビジョンはきれいな映像で放送しようという計画だったが、米国はデジタル技術とコンピューターを組み合わせて阻止しようと考えていた。軍事技術への転用も考えられるデジタルハイビジョンを、米国が国家戦略として見過ごすはずはなかった」と話した。

「江川発言」騒動

「日本の孤立」を取り上げた日高論文から約半年後の一九九四年二月、ある郵政省幹部の発言が放送界と電機業界を揺るがせた。いわゆる「江川発言」である。

放送行政局長だった江川晃正＝現・全国地域情報化推進協会理事長＝が、二月十八日に開かれた新生党の社会資本部会で、「世界の潮流はデジタル方式。それに触れずにアナログのハイビジョンであるミューズ方式を推進しているのでは、国民をだますことになる。状況の変化に対応し、考えなければいけない」と述べた。この発言をもとに、二月二十二日付の日本経済新聞朝刊は、「NHK方式のハイビジョン／推進政策見直し／試験放送中止も」と報じた。

八八年のソウル五輪中継放送実験を経て、八九年六月からはNHK衛星第二放送のチャンネルを使い、一日一時間の実験放送が始められた。九一年十一月からはNHKと民放各社、メーカーなどで設立したハイビジョン推進協会が、一日八時間の試験放送を流し、九四年一月からは一日九時間に拡大されていた。

九〇年末に初めて市販されたハイビジョン受像機は三百五十万〜四百五十万円と高価だった。九三年には百万円を切る商品が出たが、九三年末で累計出荷台数は二万にとどまっていた。

NHKは「関係者の努力を無にするものできわめて遺憾」、日本電子機械工業会は「業界や消費者に無用の混乱を与え、発言の撤回を求める」と、江川発言に猛反発した。江川は報道翌日の二十三日、「当面は従来通り、NHKのハイビジョンを推進する」と発言を軌道修正して、騒ぎは一応収まった。

関係者の強硬な姿勢には理由があった。

日本電子機械工業会(現・電子情報技術産業協会)会長だったNEC社長の関本忠弘=現・国際社会経済研究所名誉顧問=らとともに記者会見したソニー社長の大賀典雄=現・相談役=に広報センター長として付き添っていたという大木充=現・東京メトロポリタンテレビジョン社長=は「あの発言は郵政省の決定のように受け取られたため、ハイビジョンの受像機が店頭で売れなくなった。半年間、フリーズ状態が続いた。きょうのビジネスの問題として見過ごせなかった」と語った。ただし、大木は「技術は加速するものであり、将来はデジタルという方向性はわかっていた」とも語る。また、ソニーのハイビジョンに対する投資額については「VTR、業務用カメラとともに、それぞれ一千億円程度はかかっているだろう」と話した。

NHKも長い年月にわたって相当数の研究者をつぎこんだだけでなく、多額の資金をかけてきた。ハイビジョンに投じた費用について、杉本昌穂は八七年に「十七年間でおそらく一千万ドルから千二百万ドル（当時のレートで約十五億～約十八億円）」、会長だった島桂次は八九年に「五億ドル（約七百億円）」と、それぞれ米国で語ったともいう。[12]

ニューメディアに傾斜していた村木は、江川発言を聞いて、江川との出会いを思い出した。放送行政局の課長に就任した江川から「話を聴きたい」という連絡を受けた。表参道の事務所で待っている村木のもとに、江川は霞が関から汗だくになりながら自転車でやってきたのだった。

率直な物言いでも知られていた江川の唐突な発言と受け取られた騒動だったが、省内では「波紋が広がるのを心配する声はあっても、局長発言を非難する声は少ない[13]」という反応だったのには背景があった。

関係者によれば、江川が放送局長に就任後、毎週土曜日に局内の課長を集め、「衛星放送の将来」や「ハイビジョンの推進策」「民放局の株式上場」といった中長期的なテーマについて、自由に討論する場を設けていた。この場では、ハイビジョンについては、「アナログのミューズ方式をデジタルに転換すべきだ」という意見が、江川を含めて多数派だったという。こうした経緯をもとに、持論を展開したというのが真相に近いようだ。

事実、「江川発言」から二カ月後の九四年四月、放送行政局長の私的研究会「放送のデジタル化に関する研究会」が最終報告をまとめた。学術情報センター所長の猪瀬博が座長をつとめ九三年五月から審議を続けてきた結論として、「デジタル化すれば電波を有効に利用できる」ということを強調する内容だった。

さらに九四年五月には、ハイビジョン放送などをテーマに、放送行政局長の私的研究会「マルチメディア時代における放送の在り方に関する懇談会」(座長＝渡辺文夫東京海上火災保険相談役)が設けられた。九五年三月の報告書では、BSのデジタル化の導入時期について、放送事業者やメーカーの「従来通り二〇〇七年以降のBS‐5で」との意見と、通信事業者や研究者を中心とした「できるだけ早く九九年ごろのBS‐4後発機で」という主張の両論が併記された。

デジタル転換への潮目

郵政相の諮問機関、電波監理審議会(電監審)が九三年五月に出した答申にもとづき、郵政省は九四年五月、「BS‐4(放送衛星4号機)[14]は二機八チャンネルで、放送方式はNTSCまたはミューズとする」という放送普及基本計画の一部変更を実施した。

しかし、技術の進展とともに議論が混迷するなかで、アナログからデジタルへと放送方式が転換する潮目は一九九六年にあった。

この年の四月三十日から五月三日まで開かれた、日独情報技術フォーラムに出席するためドイツ南部にあるゼーオンのホテルに泊まっていた東京大工学部教授、羽鳥《はとり》光俊＝現・中央大理工学部教授＝

に、郵政省幹部から電話がかかってきた。

「BS4の放送方式を検討している電監審のヒアリングを、次回の電監審がある五月十七日より前に行ないたい。デジタルかアナログか一年間かけて検討することに賛成かどうかを聞きたいのですが、帰国するのはいつですか」

この四月、郵政省は電監審に「九三年の電監審答申の見直し」を求める異例の諮問をしていた。ヒアリングの対象となったのは、放送工学を専門とする羽鳥のほかNHKと電機メーカー（日本電子機械工業会）。いずれも、デジタル画像圧縮技術が未熟だったため、アナログによるハイビジョン伝送のミューズ方式を支持し、デジタル方式への急転換には慎重な姿勢だった。

羽鳥が滞在していたホテルには、同じフォーラムに参加するNHK技研次長の山田宰《おさむ》＝現・パイオニア特別技術顧問＝が同宿していた。羽鳥の部屋に呼ばれ、「郵政省からヒアリングについての電話があった。どうしたらいいと思うか」と聞かれた。

羽鳥はドイツを訪れる前、BSのトランスポンダ（中継器）一個ではデジタルハイビジョンを一チャンネル分しか伝送できなかったのが、九一年から技研がすすめてきたデジタル変調の研究などで二チャンネル分を送れるようになりそうだ、という情報を耳にしていた。デジタルは画像のゴーストがないといった長所があるものの、すでに技術が確立していて実績のあるアナログのミューズと比べて格段にすぐれているとは思えなかった。しかし、二倍のチャンネルを取れるとなると、経済性からいってデジタルを採用すべきだという判断に傾いていた。

羽鳥は「自分の目でデジタル画像圧縮技術の進展を確認したうえで結論を出したい」と、山田を通じ、NHK技研でシミュレーション実験の手配をしてもらった。ヒアリングにまで日数がなかったため、帰国後すぐに実験は行なわれた。羽鳥は二倍のチャンネル確保は可能との心証を得た。

羽鳥に対する非公式のヒアリングは五月十三日、情報通信工学の大御所で電監審会長でもあった猪瀬が自ら行なうという異例の形式だった。この場で羽鳥は「できるだけ早期にデジタルBS放送を導入することが重要」と表明し、デジタル派へと事実上転換した。NHKは「ハイビジョン放送のデジタル化には、基盤の整備と十分なチャンネル数の確保が必要」とデジタル反対論は唱えなかった。メーカー（松下電器）は「十分な議論を尽くした上で、デジタル化の導入を実施すべきである」と踏み込んだヒアリングから半年後の九六年十一月、NHK会長だった川口幹夫は定例記者会見で述べた。

「来年の電監審の結論が決まるまでは、既定の方針で行きたい。NHKは『将来のオールデジタルは当然』という立場だが、一千万件にのぼる衛星放送の視聴者の利益が損なわれることのないよう、なだらかにデジタルに転換していこうという考えだ」

この発言を知った羽鳥は、「電監審が認めればNHKもデジタルに反対しない」と解釈した。羽鳥が座長をつとめ九六年七月から検討をはじめていた郵政省の「衛星デジタル放送技術検討会」は同年十二月、「二〇〇〇年ごろには、BS-4後発機の中継器一個で二チャンネルのデジタルハイビジョン放送が可能になる」という報告書をまとめた。さらに、九六年十月に発足した郵政省の「BS-

4後発機検討会」（座長＝香西泰・日本経済研究センター理事長）は九七年二月、「BS‐4の後継機ではデジタルのハイビジョンを中心にすることが適当」とする報告書を発表した[15]。

この二つの報告書を受けた郵政省から諮問された電監審は九七年五月、BSデジタルの二〇〇〇年導入などを認める答申を出した。

衛星放送でのハイビジョン放送を可能にする画期的な技術といわれたNHKのミューズ方式は、八四年に開発された。関係者によると、NHK内部では「二十一世紀までミューズ」とも言われていたという。しかし、デジタル化の波にのみこまれ、BSアナログのハイビジョンチャンネルの放送は二〇〇七年九月末に姿を消すことになった[16]。

評価が分かれるミューズ方式

NHKは世界で初めてハイビジョンを開発し、先頭を走ってきた。衛星をつかったハイビジョン放送に道を開いたミューズ方式も技研が編み出した技術だった。世界に冠たる技術ともうたわれながら、消えていくことになったミューズ方式をどう評価したらいいのだろうか。

のちに副社長となったソニーの森園はハイビジョンにいち早く着目した一方で、ミューズ方式は静止画のときの鮮明度が動画になると落ちることに気づいていた。森園は「ミューズは中間的なソリューション（解決法）であり将来的には厳しいだろう、と当初から心の中で思っていた。そして、デジタル化は思ったよりも早く進んだ」としている。

また、ＴＢＳ企画局時代にハイビジョン作品を数多く制作した前川英樹＝現・ＴＢＳ総合研究所社長＝は、「今から思えば、デジタル化の波が押し寄せるなか、ミューズ方式はどんな方法をとっても、国際統一規格にはなれなかっただろう。選択肢は、うまく負けるか、下手に負けるかということだが、その後の日本のハイビジョンの受像機普及や制作機材、コンテンツ制作の成果を見れば、善戦健闘、うまく負けたと言えるだろう」と総括する。

一方、ＮＨＫ技研所長を経てシャープへ移った西澤は、「日本ではハイビジョンを国民に知ってもらう努力を一生懸命してきたからこそ、海外に比べ認知度が高く、受像機の普及にもつながった。デジタルへの転換にあたっては、メーカー各社はアナログの製品を作っているわけだから、変更するときには配慮が欠かせないと思う。いずれにせよ、判断のさいに最も大事なことは技術がきちんとしているかどうかに尽きる」と強調した。

そして、技研所長からパイオニアに転じた山田は、「ミューズがあったからこそ、欧米に比べ日本でのハイビジョン受像機の普及が進んだ。その果たした役割は大きい。ただ、技研内部でもミューズ関連の研究に比べ、デジタルによる圧縮の研究は後追いが多かったのも事実」と話す。

突破力のある技術

ハイビジョンの国際規格統一について、ＮＨＫ技術局はこう話した。

「ああすれば良かった、こんな道があったとは言えない。放送方式は、国によって違うものでもある。技術革新についていえば、あと出しジャンケンと同じで、一番最後に手がけた方が有利になる。地上波デジタルでいえば、日米欧で最もスタートが遅かった日本が移動体受信などでは最もすぐれている」

TBSの前川は、「ある技術環境で最もすぐれたものは、古くなるのも最も早い。ミューズもこれに当てはまるのではないか」とも語った。

江川発言から二年後に、デジタル推進の立場に転じた羽鳥は「二年間であれだけ技術が変わるとは思わなかった」と率直に回顧した。物議を醸した発言については、苦笑いしながら「ムチャクチャだったけれど、筋がいいから困ったものだ」と言った。

＊

ハイビジョンの国際規格統一は、技術の単なる差にとどまらず、経済問題がブレーキをかけたのは確かだ。[17] しかし、次世代テレビの姿を決めたのは、やはり「新技術」だった。日本のハイビジョンに反旗を翻した欧州の方式は挫折し姿を消す一方で、米国で誕生したデジタルの画像圧縮技術が世界のテレビを制した。衛星放送のマルチチャンネル、地上波デジタル放送を実現させたのは、この技術だった。

NHKがハイビジョンの本格的な開発を始めてから、アナログの帯域圧縮技術が完成するまで十四年間かかった。日本の研究者が「無理だと思っていた」と話すデジタル圧縮技術を、米GIが提案したのはその六年後のことだった。さらに四年後にはMPEG2として世界標準になる。日進月

「CEATEC JAPAN 2005」での「ハイビジョンのある生活」のプレゼンテーション

歩ですすむ技術の発展は、そのスピードを増すばかりだ。

突破力のある技術は、国境を軽々と越え、テレビをめぐる風景を一変させた。

九七年にデジタルへの転換が決まるまでのアナログ時代のハイビジョンの出荷台数は、三十一万台にとどまっていた（九六年末時点）。「受像機の価格が高いから」「不況のせい」「魅力あるソフトが少ないため」。犯人捜しの堂々巡りは繰り返されたが、低迷からはついに脱せなかった。

二〇〇〇年十二月から始まったデジタルハイビジョンによるBS放送は「一千日で一千万台」の目標には遠く及ばず、受信可能件数が一千万件を超えたのは二〇〇五年八月だった。売り物の一つだったデータ放送への関心はいまひとつ高まらず、民放のBSテレビ局は赤字が続いている。半面、液晶やプラズマのハイビジョンテレビは、開発者の予想を上回る人気を呼んでいる。単なる技術志向ではない視聴者の選択まで見通した普及予測は、ハイビジョンに関していえば皆無だった。

ハイビジョンの規格は、欧州が独自路線を歩み、米国では複数存在し一本化されていない。切り札だったミューズ方式も予想外に寿命が短かった。ただ、NHKの提案がスタジオ規格の骨格に残っている。次世代テレビの世界標準規格の統一というNHKの野望は、想定したものとは違う形で終幕を迎えた。

薄型テレビの躍進と産業応用の不振

「ハイビジョンは、一九九八年には最大百五十万台、二〇〇〇年には同四百二十万台、二〇〇五年には千二百万台に達する」

NHKは九四年十二月、野村総合研究所と協力してハイビジョンの普及予測を出した。[18] この予測では、九八年の長野冬季五輪までに壁掛け型が店頭に並び、二〇〇〇年にはハイビジョンの平均価格が十八万〜十九万円になる、と見込んでいた。

アナログの「MUSE（ミューズ）方式」によるNHK衛星第二チャンネルのハイビジョン実験放送（一日一時間）が始まったのは八九年六月。ハイビジョン推進協会によるハイビジョン放送は、九一年十一月から一日八時間に拡大された。このときハイビジョン受像機は一台三百五十万〜四百五十万円の高価格で、計一千台しかなかった。九四年十一月にNHKと民放七社による実用化試験放送に格上げされ、徐々に延長された放送時間は九七年十月には一日十七時間に達した。しかし、この年には二〇〇〇年からはデジタルのハイビジョン放送が開始されることが固まり、翌九八年からはアナログのハイビジョン受像機の買い控えがはっきりした。結局、二〇〇〇年八月までに出荷されたアナログのハイビジョンテレビは八十四万九千台にとどまった。[19] 〇〇年中に出荷されたBSデジタルテレビ十四万九千台。両方を足しても、九十九万八千台だった。

だが、その後の伸びは著しい。電子情報技術産業協会（JEITA）によれば、〇五年十二月末で、デジタルハイビジョンに対応している地上デジタル放送受信機の累計出荷台数は八百三十六万台（内訳は液晶三百六十三万四千台、プラズマ八十四万七千台、ブラウン管七十万千台、ケーブルテレビ用デジタルのセット・トップ・ボックス二百九万三千台など）。これに、BSデジタル放送だけに対応する受像機百五十三万台、アナログハイビジョン受像機八十四万九千台をくわえ、国内にあるハイビジョンテレビは合計千七十三万九千台となる。九四年の予測で掲げた千二百万台にはわずかに届かなかったが、急速に生産・販売台数を増やし、〇七年五月末の地上デジタル放送受信機は二千三百十五万五千台に達した。

好調の液晶とプラズマ

ハイビジョンの普及をになっているのは、液晶テレビとプラズマテレビの好調な売れ行きだ。J

ＥＩＴＡの民生用電子機器国内出荷統計によると、液晶、プラズマを合計すると、二〇〇二年以降、百二十万台、百七十七万台、三百一万台、四百六十九万台、六百三十六万台と急激な伸びを示している。

松下電器産業は一九九一年一月、三六インチのハイビジョンを初めて発売した。業務用で四百五十万円だった。手作り状態から量産態勢に切り替えて一年後に価格を二百万円に引き下げたが、ブームにはほど遠かった。同社地上デジタル推進担当の鎌田茂は「九九年までミューズ方式の商品を出していたが、アナログ時代のハイビジョンは予想ほど売れなかった」と振り返る。

テレビの商品企画畑が長かった日立製作所コンシューマ事業グループのコミュニケーション・法務部長、田胡修一は〇一年春に発売された三二インチのプラズマテレビが一つの転機だった、と振り返る。四〇インチ以上しかなかったプラズマテレビでは最も小さな型で、価格も六十万円台と大幅に下げ、予想を上回るヒットになった。この年、日立ではブラウン管テレビの製造をやめた。「当時、購入層は四十歳代を想定していたが、実際には経済的に余裕があり大画面志向の強い六十歳前後が中心だった。その後の業界全体で薄型テレビがこれほど普及するとは、正直なところ、誰も予想していなかった」と話す。

田胡は好調の理由について、①夢といわれていた壁掛けテレビに近い厚さ八～九センチの形が実現した、②ハイビジョン放送が衛星デジタルで二〇〇〇年十二月から、地上デジタルが二〇〇三年十二月からそれぞれ始まった、③薄型テレビの価格が大幅に低下した、と分析している。

ある電機メーカーの担当者は「ありがたいことに、消費者は薄型テレビはデジタルと同じ意味と勘違いしてくれている」と打ち明ける。スーパーなどでは、十万円を切るようなデジタルではない台湾製の薄型テレビも売られている。薄型テレビは「二十一世紀型テレビ」という先進的な印象をまとって登場、放送のデジタル化と重なるタイミングの良さも手伝って、お茶の間に浸透した。

見込み違いのマルチユース

「映像美に魅せられている時代は終わった。研究から応用の段階へ——多彩な応用分野が見えてきた。『ハイビジョン・ビジネス』の始動。成功の鍵は、すでにあなたの掌中にある」

自信にあふれた断定調の一文は、NHK関連団体の中核会社であるNHKエンタープライズが一九八七年に刊行したパンフレット「This is HI‐VISION 産業応用編」の締めくくりだ。

世界の次世代テレビにという夢をになっていたハイビジョンは、高画質を生かした放送以外の産業への応用に対する期待もきわめて高かった。むしろ、産業応用が先行するという見方さえあった。八八年、NHK副会長時代の島桂次は「ハイビジョン技術では放送なんてワン・オブ・ゼムなんです。映画、活字メディア、静止画とか、医療器具にも、軍事衛星にも使える。ですから、いまNHK自体もハイビジョンの展開は七対三の割で、七は放送以外のメディアでどんどん推進している」[20]と語っていた。

産業展開をテーマにした出版も相次いだ。たとえば、通産省（現・経産省）新映像産業室がまとめた単行本が、最も注目していた分野の一つは印刷だった。「ハイビジョンの登場とこの印刷画像処理システムの確立により、映像情報は出版・印刷分野においてその利用範囲が益々拡大するとともに、ハイビジョンで撮影された映像の積極的な二次利用がはかられるものと思われる……情報の付加値をさらに高める概念として、『情報のワンソース→マルチメディア展開』を挙げることができる」[21]と取り上げていた。

むろん、印刷業界も熱い視線を送っていた。大日本印刷のC＆I事業部AT推進室長として先進技術の動向を追っている久保田靖夫は八九年から十三年間、ハイビジョンの活用方法に社内で取り組んだ。念頭にあったのは「ワンソース・マルチユース」だった。大日本印刷は八七年、ハイビジョンで一部を撮影したNHK特集「ミツコ――二つの世紀末」の素材をカラー印刷したシナリオ集が日本放送出版協会から発売されたときには、制作から印刷まで手がけた。ハイビジョンのデータをそのまま印刷する実験的な試みだった。

久保田は担当してから、印刷と放送の違いを痛感することになった。画質の良さを追求する点では共通する。ただ、放送はテレビ局が決めた水準の画質で送っても、視聴者から文句は出ない。これに対し、出版物の印刷の画質については手に取った読者からはさまざまな要望が出てくるという。ハイビジョンの映像を印刷物にしても、フィルムを上回る情報量はなく、優位性を見つけるのは難しかった。

久保田は言う。「ワンソース・マルチユースを志向したが、十年間たって、現実にはそうはいかない、とわかった」

冷めたハイビジョン熱

久保田は名画をハイビジョンで再現する静止画システムにもかかわった。同社が企画・制作した「ルーヴル美術館」の場合、二時間二十分のソフトとして販売されている。

高価な映像が商品になりえたのは、多くの自治体がハイビジョンの「静止画システム」を導入したからだった。

「なかのZERO」の愛称で知られる東京都中野区立もみじ山文化センターの案内板には、「視聴覚ホール／ハイビジョンシアターZERO」と書かれている。上映会などで連日活発に利用されているが、いま、ハイビジョン映像が流れる機会はない。

一九九三年四月、同センターの開館と同時に、「ハイビジョンシステム機器」が導入された。プロジェクター九百二十五万円▽VTR九百八十三万円▽LD（レーザーディスク）プレーヤー二百十七万円▽システムアダプター（MUSEデコーダー・BSチューナー・テレビ受像機）六百四万円▽電動昇降装置三百十五万円などで構成され、総額では六千四百三十七万五千円に及んだ。地下二階にある百人規模の視聴覚ホールでドキュメンタリー番組やオペラのハイビジョン映像を毎週末に流し、盛況だったという。しかし、作品が限られていたため、六年ほどで打ち止めになった。

さらに、静止画システムに約千五百万円が費やされた。内訳は、プロセッサー九百三万円▽CPU(中央演算処理装置)二百三十六万九千円▽制御プログラム二百三十三万円▽CD‐PCM二百十八万六千円……。このほか、数百万円かけて美術館の名画ソフトを購入した。土曜や日曜に上映していたが、同じソフトが繰り返し上映されたため、二年ほどで打ち止めになった。

区から運営の委託を受けている中野区文化・スポーツ振興公社施設課は「当時ハイビジョンの導入は、生涯学習活動の一環だった。しかし、家庭へのハイビジョンの普及も進み、事業の必要性が薄れたことから、公社のハイビジョン関連の予算が年々減少した。初期にはテレビ局のハイビジョン作品の試写会が開かれたり、自主制作の上映会があったりしたが、アナログ規格で次第に増えてきたデジタル規格に対応できないため、最近は利用がない」と言っていた。

地方自治体の美術館やホールなどでハイビジョンによる美術鑑賞システムを後押ししたのが、九一年度から九九年度まですすめられた自治省(現・総務省)の「ハイビジョン・ミュージアム構想」だった。住民サービスの向上を旗印に、自治体への財政支援を行なった。こうした結果、ハイビジョンの静止画番組システムは、全国二百五施設で導入された。中野区もみじ山文化センターもその一つだった。九一年にハイビジョン・ミュージアム推進協議会として発足し〇三年に名称変更した地域文化デジタル化推進協議会(東京都渋谷区)によると、このシステムが入っている施設は美術館や博物館など一時は全国に三百カ所を数えたが、老朽化によって二百カ所程度に減っている。八九年に全国初のハイビジョンギャラリーを開設した岐阜県美術館では、約九十番組が利用可能という豊富さを誇っている。九九年から無料にしてもなお、最近では利用者が減少傾向にある。同館では「ハイビジョンが一般家庭でも見られるようになったのが影響している」と言っている。

ハイビジョン・ミュージアム構想のほか、モデル都市への財政投融資などの優遇措置をとった郵政省の「ハイビジョン・シティ構想」（八八〜九七年度）、モデル都市が特別融資などを得られた通産省の「ハイビジョン・コミュニティ構想」（八九〜九八年度）とともに、九〇年代後半に地方自治体に対するハイビジョン導入推進施策が打ち切られた。

中央省庁の資金援助という後ろ盾が消えるとともに、地方自治体のハイビジョン熱が冷めたことは、電機メーカーも認めている。静止画システムのシェアが高かった三洋電機では、二〇〇三年を最後に生産を打ち切った。

いまは使われていないハイビジョンの静止画システム
（東京都中野区のもみじ山文化センターで）

「ハイビジョンシアター」のたそがれ

ハイビジョン応用の需要予測で、前評

判が最も高かったのは「ハイビジョンシアター」だった。一九八七年四月、郵政省が映像に関連する産業の専門家百人にアンケートした結果、「応用分野で将来有望と思われる分野」では、ハイビジョンシアター（七八％）が「映画制作」（七四％）、「衛星放送」（六九％）、「印刷・出版」（五五％）、「ビデオパッケージ（家庭用）」（五三％）を押さえて一位だった。[22]

中小規模の映画館にふさわしい上映システムと位置づけられていた。「百人から二百人程度の観客を対象とする場合、スクリーンの大きさが二〇〇～二五〇インチ程度でよいので、ハイビジョンのビデオプロジェクターで十分に高画質な迫力のある映像を上映することができます……フィルムの上映システムに比べて、操作が簡便で、自動制御が容易にできるという利点があります。通常の映画上映には、フィルムならば六～八巻は必要でしたが、ハイビジョンでは一～二本で済むので、上映作品の配給、取り扱い、保管などが格段に便利になります[23]」と強調されていた。

一九八八年にオープンした川崎市産業振興会館に導入されたプロジェクター方式によるアルミ製の二〇〇インチ大型スクリーンは、「ハイビジョンシアター」と銘打たれた。総額一億六千四百万円をかける力のいれようだった。重工業都市から国際科学文化都市への転換をはかっていた川崎市は、高度情報化対応の都市づくりとして八七年に「ハイビジョン都市宣言」をし、同会館の目玉として取り入れたのが先端技術の象徴といえたハイビジョンだった。八九年には通産省からハイビジョン・コミュニティ構想の指定をうけた。

「変わる川崎」や「かわさきの休日散歩」「浮世絵にみるかわさき」といった独自のハイビジョン

作品を折々に上映し、たとえば「川崎の産業遺産」という三十分の静止画像ソフトには二千万円の制作費がかけられた。このほか、ソウル五輪（八八年）や大相撲、選抜高校野球の中継放送もした。

しかし、九〇年代半ばには衛星のハイビジョン放送が定着して取り巻く環境が変わったため、年間百万円ほどになっていたハイビジョン推進事業の予算は二〇〇一年度からはゼロになり、五年近くハイビジョンの上映は一回も行なわれていない。

市から運営を委託されている川崎市産業振興財団の総務課では、「稼働してから十七年たち、ハイビジョンはアナログからデジタルへと変わった。設備は老朽化しており、所期の目的は達したと思う」と話している。

超高精細映像のデジタルシネマが動きだしつつあるが、有望分野と考えられたハイビジョンシアターの名前を、いま、耳にすることはほとんどない。

医療応用も費用がネックに

微細な部分を映し出すメリットを生かせると考えられたのが、医療分野の応用だった。顕微鏡にハイビジョンカメラを取り付けることで、脳神経外科や眼科の手術や検査の模様を撮影し、医学教育に役立つと期待された。

実際に一部の病院では採り入れられている。しかし、導入は主に国立大学病院にとどまり、当初見込まれていた、撮影した映像を遠隔地の専門医にいる病院に伝送するといった仕組みは、なかなか現実にはなっていない。

放送機器などを製造する池上通信機の常務川嶋清昭は「映像をリアルタイムで伝送することは可能だが、太い回線が必要でありそのリース費用は結構かかることもあって、あまり普及していない」と言う。

スーパーハイビジョンの開発

二〇〇五年三月二十五日から九月二十五日まで開かれた愛知万博（愛・地球博）のシンボルパビリオンであるグローバル・ハウスに「スーパーハイビジョンシアター」が設けられ、来場者は百五十六万人を数えた[24]。スーパーハイビジョンは、走査線がハイビジョンの四倍にあたる四千三百二十本、画素数では十六倍にもなる。NHK放送技術研究所が二〇〇〇年から研究を始めて開発した、世界初の走査線四千本級の超高精細映像システムだ。六〇〇インチのスクリーンに上映された作品では、太陽、雲、富士山、微小生物、石像、ロケット打ち上げなど、情報量の豊富さで微細な部分を強調する映像がつづいた。

そして十一月二日にはNHK技研の開所七十五周年イベントとして、世界初というスーパーハイビジョンの生中継実験が行なわれた。千葉・鴨川シーワールドから東京・世田谷の技研まで総延長二百六十キロを光ファイバーで結び、アシカショーの様子などが伝えられた。圧縮されていないスーパーハイビジョン信号を波長の異なる十六の光信号として多重伝送し、経路途中に光増幅器を設け、長距離の中継を実現させた。

八五年のつくば万博でハイビジョンが公開されたときには、前年にミューズ方式が開発されており、衛星放送一チャンネル分での放送の実現に道が開かれていた。しかし、ハイビジョンをはるかに上回る帯域幅が必要なスーパーハイビジョンは、今回の実験で光ファイバー伝送を実証したものの、現地点では電波を用いた放送についてはめどが立っていない。

ＮＨＫ技研では「圧縮技術の一段の進歩が必要となるが、スーパーハイビジョンをいずれは電波であまねく家庭まで届けたい。その場合には、現在の衛星放送の一二ギガヘルツ帯ではなく、いまは利用されていない二一ギガヘルツ帯を使うことが考えられる」と明らかにした。実現するかどうかは白紙だが、ＮＨＫではスーパーハイビジョン放送について、二〇一五年に実験放送、二〇二五年ごろに本放送を始めるというスケジュールを想定している。

激戦続く薄型テレビ市場

かつて、ハイビジョン受像機の本命はプラズマの壁掛けテレビと見られていた。しかし、いま、台数では小型に強い液晶がプラズマをしのぎ、薄型テレビ市場で激しい競争を繰り広げている。そのプラズマの方式も、当初有力と考えられていたのとは違う方式がいまや主流となっているというから、予測は難しい。

プラズマ・ディスプレー・パネル（ＰＤＰ）の研究は一九七〇年代から進められてきた。現在、プラズマテレビの売り上げで独走する松下電器は、NHK、パイオニアなどともに、動画に強いといわれていたDC（直流）方式に取り組み、九六年には商品化にこぎつけた。しかし、静止画向きといわれ、富士通や日立、NECなどが中心となったAC（交流）方式に九七年、転換した。DC方式はコントラストに優れるものの製造工程が複雑と指摘される一方、AC方式は作りが簡単で生産性が高いことから、多くのメーカーはAC方式を採用した。[25] プラズマの市場が急速に普及した〇二年を前にした方針変更は間に合った。

その一方で、テレビ事業をプラズマに特化していたパイオニアは〇三年度の大幅な黒字から一転、〇四年度はプラズマが前年の二倍以上売れたのにもかかわらず、値崩れから当期損益では赤字になった。〇五年十一月には、プラズマなどの販売台数が計画を下回り業績が急速に悪化したため社長が交代した。また、平面ブラウン管で圧倒的なシェアを奪ったソニーは薄型テレビへの転換が遅れ、テレビ事業で赤字に陥ってしまった。

調査会社のテクノ・システム・リサーチの調べによると、〇六年のプラズマテレビの国内生産台数シェアは、松下七五％、日立二〇％、パイオニア五％だった。ちなみに、同時期の液晶テレビの国内生産台数シェアはシャープ四五％、ソニー二三％、松下一三％、東芝一一％。ともに、四半期ごとにシェアは大きく変動し、順位が入れ替わる激戦が繰り広げられている。

家電の主力商品であるテレビ事業は、激しいシェア争いに加え、新たな技術方式による新規参入の動きがある。

キヤノンと東芝は〇四年十月、次世代薄型テレビ向けのSED（表面電界ディスプレー）[26]パネルを生産する合弁会社「SED」を設立した。テレビ製造に参入するキヤノンが研究段階でテレビのブラウン管に似た自然光の電子源をテーマに据えたのは八六年にさかのぼる。九三年からは数十人規模で本格的な開発に取り組みはじめた。九七年に一〇インチ四方の試作品を手がけた。九九年にはテレビ生産技術をもつ東芝との提携を決めた。

キヤノン子会社で開発と生産を担うSED株式会社取締役の畑中勝則は「SEDの特長は、黒の部分が真っ暗になる点。液晶やプラズマは暗い個所でもぼんやりした黒となっている。消費電力も液晶の半分、プラズマの三分の一から半分程度と少ない。ただ、薄型テレビの価格が予想以上に下がったため、SEDのコストも引き下げなければいけなくなった。デジタルカメラも後発だったが、シェアはトップクラスになった。いい製品を出せば、市場は付いてくるはず」と強気に話していた。

提携が決まったときは〇二年に発売する計画だったが、SEDという新技術の量産に課題が残り、立ち遅れた。〇五年時点で、五五インチの商品を〇六年春に発売、〇七年中に東芝・姫路工場（兵庫）で月産一万五千台でスタートし同年中に月産七万台に拡大する予定を立てた。しかし、米国での特許ライセンス訴訟やコストダウンを実現する量産技術確立が解決しないため、〇七年七月現在、発売が見送られている。生産台数や量産工場も白紙の状態とつまずいている。

景気づけ「予測」のむなしさ

ハイビジョンは画質が美しい→印刷や映画、静止画に応用できる→膨大な需要が喚起される、といったわかりやすい三段論法の予測や需要見込みの多くは、的外れに終わった。

他方、ハイビジョンを視聴できる薄型テレビの価格は、メーカー自身の予想を超える勢いで下落が続き、利益を出す企業は松下とシャープなど一握りとなっている。ただ、デジタル家電の値下がりによるハイビジョンの普及を見通した将来予測は、お目にかかったことがない。郵政省の「ハイビジョンの推進に関する懇談会」が八七年にまとめた報告で、二〇〇〇年までのハイビジョン市場を十四兆五千億円と予測したさい、受像機の価格は九〇〜九四年が五十万円、九五〜〇〇年が三十万円という設定だった。(27)

四〇インチ以上は難しいといわれた液晶テレビでは六五インチの製品が実現した。プラズマも有力視されていなかったAC方式が主流となった。

八七年からハイビジョンの国際規格づくりに携わり、九〇年からはデジタル技術を追ってきたフジテレビのデジタル技術推進室室長、上瀬《かみせ》千春は言う。

「ハイビジョンはテレビ以外にも応用できると言われていたが、ハイビジョンカメラはとても重かった。印刷に応用できるといっても、普通のスチルカメラで十分撮れる写真をわざわざハイビジョンで撮影するとは思えなかった。テレビこそがハイビジョンを生かす道だと思っていた。薄型テレビは一インチ一万円を切らないと普及しないと言われてきたが、今や一インチ七千円ほどになった。

技術の発展は速いものだし、私自身はハイビジョンの普及を楽観的に考えていた。以前、『二十一世紀には、ハイビジョンは普通のテレビと同じ意味になり、その言葉さえ言われなくなるだろう』と話したことがある」

上瀬は「普及はニーズがあるかどうかがポイント」と言い切る。「自分自身にとって必要だろうか、と考えてみればいい。携帯電話がこれだけ普及したのは、人間がうごく動物だから。携帯でテレビを見るのも同じことだ。二〇〇六年四月から始まった携帯でテレビを受信できるワンセグ放送も、暇つぶしとしてゲームなどに置き換わると見ている。生産が追いつかないほどヒットするのではないか。その一方で、開発費用を引き出すためのうたい文句や、根拠に乏しい普及予測カーブが目につくのも確かだ」

さまざまな技術の突破に偶然が重なって、現実が生み出されていく。多くの希望にいくつかのこじつけが塗り込められたニューメディアの普及予測の数々は、願望の装飾をまとった夢のあとをとどめる。「官」にせよ「民」にせよ、人工的に生み出された「需要」は長続きしない。景気づけのための、永遠に到達しない未来図の無意味さに気づくべき時に来ている。希望的観測にみちたとはいえ中央官庁などが公表した数字は、地方自治体や民間企業の計画に引用され、独り歩きをしていく。しかし、その予測が外れたからといって、誰も責任を取りはしない。

電機メーカーのある幹部は「二〇〇〇年十二月にBSデジタル放送が始まったときに掲げられた『一千日、一千万台』という目標は、ふつうはあり得ない普及見通し。ゴロの良さと気合だけだった」。実際にその受信可能件数が達成されたのは、予定より七百日以上遅れた〇五年八月だった。

【注】

（1）一九三〇年に設立された。六五年、NHKに放送科学基礎研究所が設立されると同時に、技術研究所が総合技術研究所と改称された。八四年、総合技術研究所と放送科学基礎研究所が統合され、放送技術研究所となる。東京都世田谷区砧にあり、略称は技研。

（2）日本や米国、カナダ、韓国などで採用されているNTSC方式（走査線五百二十五本、フィールド周波数五九・九四ヘルツ、以下同じ順）、西欧などで使われているPAL方式（六百二十五本、五〇ヘルツ）、フランスや東欧などで取り入れられているSECAM方式（六百二十五本、五〇ヘルツ）の三つがある。

（3）英語では、High Definition Television。ハイビジョンと命名されたのは一九八五年。初期には「高品位テレビ」とも訳され、その後は「高精細（度）テレビ」と呼ばれている。本書では、ハイビジョンを日本の方式と限定せず、HDTV全体の放送方式を意味する用語として使う。ハイビジョンに対抗する形で日本テレビなどの民放が力を入れた、現行テレビの画質を改善したEDTV（クリアビジョン）は八九年八月から本放送が始まったものの、普及しなかった。

（4）一九八七年八月、映画との整合性からSMPTE（米国映画テレビ技術者協会）の要望を受け入れて、縦横比は九対十六とした。

（5）高能率符号化放送方式（Multiple Sub-Nyquist Sampling Encoding）を略したアナログの伝送方式。開発の中心となったのは、当時、技研新放送方式部主任研究員でのちに研究主幹などをつとめた二宮佑一だった。情報量が多い画像をテレビ電波にのせるには広い電波帯域を必要とするため、情報を圧縮する技術。本来二十メガヘルツのハイビジョン信号を八メガヘルツに圧縮する。送信のためFM変調すると二十四メガヘルツの帯域幅となり、地上波のNTSC方式の周波数帯域（六メガヘルツ）では無理だが、衛星放送一チャンネルの帯域幅(二十七メガヘルツ)の制限をクリアした。一九九一年三月に郵政省令として公布された。

(6)ハイビジョンの国際規格問題の経緯については、NHK編『20世紀放送史(下)』(日本放送出版協会、二〇〇一年)、日本民間放送連盟編『民間放送50年史』(日本民間放送連盟、二〇〇一年)、高尾廣「テレビはどこへゆくのか? HDTV(高精細度テレビ)」(『放送研究と調査』一九九七年六月号)などによった。

(7)ニューメディア企画開発会社「トゥデイ・アンド・トゥモロウ」を一九八四年に設立し、社長に就任した村木良彦は、九〇年三月に刊行された、ハイビジョン文化研究会編『ハイビジョンの創造と文化』(日本放送出版協会)で、「(ハイビジョンの海外の規格問題で)見えてきたことは、少なくとも日本の方式、というか、優位性のポジションが崩れてきたということです」「ラスベガスのNABに行って一番感じたことは、ディジタル化の路線です。コンピュータと映像のドッキングという時代に入ってきた」と述べている。この時期に、これらの主張を明確に指摘した例はほとんどなかった。なお、有効走査線数千八十本、有効水平画素数千九百二十のテレビが「フルスペックハイビジョン」と称して二〇〇三年ごろから販売されている。

(8)新しい体制となったITU(国際電気通信連合)の無線・放送を担当するITU-Rに、九三年、CCIRは継承された。

(9)ジョエル・ブリンクリー『デジタルテレビ日米戦争』、アスキー、二〇〇一年。ニューヨーク・タイムズ記者のブリンクリーはこの著書で、米国の放送事業者が、使われていない放送用チャンネルの開放を求める移動体通信事業者に対抗する形で、チャンネルを確保するために将来のハイビジョン放送のアイデアを打ち出した、と指摘している。

(10)AT&T、ゼニス、GI、マサチューセッツ工科大、北米フィリップス、トムソン、デビッド・サーノフ研究所から成る。

(11)ISO(国際標準化機構)とIEC(国際電気標準会議)で標準化された動画データの符号化方式がMPEG

(Motion Picture Experts Group)。ＭＰＥＧ１はＣＤ－ＲＯＭなど蓄積メディア用。放送、通信、コンピューター用に使われるＭＰＥＧ２は、一九九四年十一月に国際標準規格となった。

(12)『デジタルテレビ日米戦争』。ただ、ＮＨＫはハイビジョンへの投入金額を現時点では明らかにはしていない。

(13)朝日新聞、一九九四年二月二十四日付朝刊。

(14)ＢＳ-３(ＮＨＫ衛星第一、同第二、ＷＯＷＯＷ、ハイビジョン実用化試験放送の四チャンネル。九〇～九七年)の後継機。先発機の本機ＢＳＡＴ－１ａは九七年四月に打ち上げられ、八月からアナログ放送(四チャンネル)による運用が始まり、ＮＨＫハイビジョン放送を除き二〇一一年まで続けられる。予備機のＢＳＡＴ－１ｂが九八年四月に打ち上げられ、二〇〇〇年十二月からデジタル放送(四チャンネル八社)がスタートした。後発機の本機ＢＳＡＴ－２ａは二〇〇一年三月、予備機のＢＳＡＴ－２ｂは〇三年六月にそれぞれ打ち上げられた。なお、ＢＳ－４調達法人として、放送衛星システム(Ｂ－ＳＡＴ)が、ＮＨＫ、ＷＯＷＯＷ、在京民放が中心になって九三年五月に設立された。

(15)この報告書をテーマに、一九九七年三月一日付の日本経済新聞は社説「時代に負けたハイビジョン」で、「各国は五年ほど前から続々デジタルの採用に踏み切ったが、日本はその直後にハイビジョン採用を決め、その後も様々な思惑やメンツから方針転換に踏み切れないまま大きく後れを取ってしまった……今後は時代の先を読み事業者の自由な活動を出来る限り引き出す行政に専念してほしい」と論じた。

(16)地上波のデジタル化についても、郵政省が一九九七年六月に設けた「地上デジタル放送懇談会」は九八年十月、三大都市圏が二〇〇三年末、その他の地域は二〇〇六年末までにデジタル化の本放送を期待し、アナログ放送は二〇一〇年を目安に終了する、との報告書をまとめた。海外では、九八年九月に英国で、同年十一月に米国で地上波デジタル放送が始まった。

(17)パイオニア専務となった杉本昌穂は、テレビの国際規格統一の失敗について、「共通の理想を求めながら、なぜ実現できなかったのか。技術者同士の議論であり、いずれも技術パラメータ、方式の論争であったが、それは表面的なこと。裏面には常に提案者のプライド、企業側の防衛、国の産業保護等が存在していた」（朝日新聞、一九九五年八月五日付夕刊）と述べている。

(18) 日経産業新聞、一九九四年十二月八日付。九二年にNHKは「二〇〇〇年に最大七百三十八万台」の普及を予測していたが下方修正した。

(19)『ハイビジョン推進協会の歩み』、ハイビジョン推進協会、二〇〇〇年。

(20)「ハイビジョン戦争第三弾　島桂次NHK副会長直撃インタビュー『衛星の道はノーリターンだ』」、『週刊朝日』一九八八年九月三十日号、朝日新聞社。

(21) 通商産業省新映像産業室編『ハイビジョンビジネスの可能性への挑戦』、通商産業調査会、一九八八年。

(22) ハイビジョンの推進に関する懇談会編・郵政省放送行政局ハイビジョン推進室監修『次世代テレビハイビジョン』、第一法規出版、一九八七年。

(23) NHK編『ハイビジョンのすべて』、日本放送出版協会、一九九六年。

(24) 竹間忠夫『夢のスーパーハイビジョンに挑む』（日本放送出版協会、二〇〇五年）によると、技研が超高精細用映像用カメラの研究開発を一九九五年にスタートさせ、二〇〇〇年七月、会長の海老沢勝二は技研開所七十周年記念シンポジウムの基調報告で「NHKは走査線四千本以上の映像システムの研究を始める」と述べた。二〇〇四年四月、NHKが超高精細映像システムの愛称をスーパーハイビジョンと決めた。

(25) 日経産業新聞、一九九八年三月十三日付。

(26) Surface-conduction Electron-emitter Display の略。ブラウン管と同じように電子を蛍光体に衝突させて発光する自発光型で、バックライト型の液晶とは異なる。ブラウン管の電子銃に相当する電子源を画素の数だけ設けた構造となっている。一九九七年に命名され、高輝度、高コントラストといわれる。

(27) 前掲書『次世代テレビハイビジョン』。郵政省の「ハイビジョンの推進に関する懇談会」が想定した「21世紀初頭の暮らしとハイビジョン・ビジネス」では、四人家族の朝の光景として「リビングルームのハイビジョンモニターには四季を感じさせる植物や動物の静止画が映し出されている」と描き、公共サービスの活用については「コミュニティセンターなどのパブリックスペースに、ハイビジョンＶＣＲや大型ディスプレイが設置され、国や地域の行政広報活動の主役になっている」と期待していた。

3　放送・通信の融合に揺れるケーブルテレビ

模索つづく住民の制作参加

「ニューメディア」を語るとき、「期待の星」としてきまって取り上げられたのがCATV（ケーブルテレビ）だった。山間部の難視聴世帯向けに、地上波テレビの映像を再送信する共同受信施設としてスタートした。一九五五年、群馬県伊香保町を皮切りに始まった。最初の自主放送は六三年の岐阜県郡上八幡《ぐじょうはちまん》テレビが始まりだった。その後、長野、山梨県などで区域外の東京のテレビ放送を再送信するために利用されるようになり普及が進んだ。八七年には多チャンネルの初の都市型CATVとして東京の多摩ケーブルネットワークが開局。九六年には武蔵野三鷹ケーブルテレビがインターネットサービスを実施した。インターネットという、発足時には想定していなかったサービスの提供で、経営が安定してきた。

二〇〇七年三月末現在の加入世帯は、自主放送を行なっている局で約二千六十三万世帯、再送信だけの局で約八百十一万世帯、合計で約二千八百七十五万世帯を数える。[1] このうち、いわゆる「多チャンネル型」の受信は六百四十三万世帯といわれている。[2] BSやCS、デジタル化といった新しい技術を取り込んできたが、世帯普及率の伸びは予測されたほどではなかった。視聴者との間でやりとりができる「双方向性」と、放送エリアが狭いかわりに放送局と住民とのかかわりが深い「地域密着」は、いまもケーブルテレビの代名詞ではある。しかし、規制緩和による外国資本の進出、既存局の合併などによってケーブルテレビの地域チャンネルは大きく変わろうとしている。

四つの地域チャンネル

取材からデジタルVTRカメラによる撮影、映像編集、原稿作成、ナレーションの吹き込み、テロップ(字幕)づくりまで、担当するニュース素材はすべて一人でこなす。鳥取県米子市にあるケーブルテレビ局、中海《ちゅうかい》テレビ放送では、八人の記者が「ビデオジャーナリスト」方式で、月曜から金曜まで午後六時からの三十分間のニュース番組を放送している。二〇〇五年四月のある日、この「中海テレビニュース」で取り上げた項目は、①春の全国交通安全運動始まる、②米子市長選に元県議が出馬表明、③市長選の候補者説明会、④花と緑のまつり、⑤看護学校の入学式など、十一を数えた。

中海テレビ放送は、一九八九年に開局、米子市、境港市、日南町、南部町、日吉津村と伯耆町《ほうきちょう》、大山町《だいせんちょう》の一部を対象地域とする。二〇〇七年六月現在で、多チャンネルサービスに三万千九百世帯が加入している。九万百五十の総世帯数に対する、電波障害などを理由とする再送信世帯を含む接続率は四六%だ。ふつうのケーブルテレビではせいぜい一、二チャンネルしかない自主制作のコミュニティー(地域)チャンネルを六つも持っている。市町村ごとに内容が異なる3チャンネル(地域専門チャンネル)、独自番組やイベントなどの4チャンネル(中海4チャンネル)と三十分間のニュースを二十四時間繰り返して伝える5チャンネル(コムコムスタジオ)、市民が番組を制作する14チャンネル(パブリック・アクセス・チャンネル)、街のお知らせや火災などを伝える文字情報の15チャンネル(生活情報チャンネル)、県議会中継や過去の自主制作番組を流す24チャンネル(県民チャンネル)の六つだ。

日々のニュース番組がきっかけになって、地域を変えていくことがある。二〇〇三年、鳥取県内で交通事故発生率ワースト二位の、米子市内にある付近に横断歩道がない国道沿いの地点を「中海テレビニュース」で取り上げた。住民に取材すると、自治会長は「なぜ悪いニュースを取り上げるのか」と反発した。しかし、「交通事故ゼロに向けた会合を」と、記者が働きかけると、住民も運動をはじめた。同じ記者が、地元で動きがあるたびにニュースとして報じた。国土交通省が視察に訪れ、警察も動き出した。その結果、一年後、事故多発現場には信号機と横断歩道、照明灯が取り付けられた。CATV局は、全国紙やNHK、民放局が取り上げない交通事故も、地元の問題として追い続けた。そして、事態を変えたのだった。

「地域をよくするため」

中海テレビ放送専務の高橋孝之《こうし》は「同じテレビでも、NHKや民放の地上波局にとって、ニュースを伝えることは、手段であって目的ではない。私たちのCATVは、『地域をよくする』という目的がはっきりしている。交通事故多発地点のニュースも、この観点があったからこそ追跡した。報道が義務的になったらダメだと思う。思いがなければ」と言い切る。

高橋はさまざまな試みを実践してきた。ケーブルテレビの世界ではだれもが知る存在だ。画期的と注目されたのは、市民が番組制作に参加する「パブリック・アクセス・チャンネル」を九二年十一月からスタートさせたことだった。欧米では実施されていた試みだが、日本では専門チャンネルを設けて制度化したのは初めてだった[3]。

「メディアを市民の手に」を旗印に始まったこのチャンネルでは、小学校や青年会議所、サークル、個人らさまざまな市民が番組の制作に参加、いまは年間百五十本ほどの番組が、毎日正午から深夜まで放送されている。事前に、医師会や青年会議所、老人クラブなど地元の三十六団体で構成する「番組運営協議会」が、誹謗中傷になっていないか、プライバシーを侵害していないかといった観点から内容をチェックしている。テーマは、合併問題からマラソン大会、子育て、ボランティア、音楽、旅行と幅広い。「パブリック・アクセス・チャンネル大賞」という制度を設け、年に一度、優秀作品の表彰もしている。

米子で育った高橋が放送とかかわるきっかけになったのは、家業のクリーニング店を手伝っていた定時制高校時代、友人の紹介で地元の山陰放送（TBS系）でアルバイトを始めたことだった。高校卒業後、大阪の専門学校で映像技術を一年学んで帰郷。一九六八年、二十一歳のときに天気予報の背景映像やCM制作を手がける米子フォト工房を設立、山陰放送から発注を受けるようになった。さらに、八〇年にはビデオ作品などを手がける映像プロダクションの山陰ビデオシステムを発足させた。そして、八四年の中海テレビ放送設立にかかわり常務に就任した。

高橋は、「東京への情報一極集中を何とか是正できないかという思いがずっとあった。三位一体改革をはじめ地方の自立が求められているいまこそ、本当の『地方の時代』が来るかもしれない、という思いがある。鳥取県や米子市という小さな自治体から、全国のモデルを作りたい」と言う。そして、付け加えた。「東京はあまりに大きすぎて自分自身の存在感が感じられないと思う。しかし、米子の街にいると、顔なじみがいっぱいいて個人の存在感の手ごたえがある」

住民による番組制作

中海テレビ放送を追いかける形で、二〇〇五年六月、愛知県刈谷市に本社を置くケーブルテレビ局、キャッチネットワークがパブリック・アクセス・チャンネルの専門チャンネルの放送を始めた。以前からあったコミュニティー第一チャンネルとは別の第二チャンネルとして発足した。地域チャンネルの中に市民がつくった番組枠を設けて二〇〇〇年から放送を始めた武蔵野三鷹ケーブルテレビ（本社・東京都三鷹市）のような例はあるが、専門チャンネルとしては二局目と言われている。

ふだんは生中継などの特別番組用として用意された16チャンネル（デジタルでは102チャンネル）の空き時間を有効利用する形で設けられた碧海・西尾幡豆《はず》市民放送局「チャンネルＤａｉｃｈｉ」のうたい文句は、「『出る人』も、『撮る人』も、『作る人』も、み〜んな市民!!」。参加者を募ったところ、中学生から七十歳代までの百九人が集まった。毎日午前十時と午後十時から三時間以内の枠で作品を放送、残りは字幕を流している。七月には、幡豆郡一色町の中学校が手がけた「日本一の大提灯」や草木染めをテーマにした「夢を織る人々」、わが町のすばらしい場所を紹介する「早春のビオトープ」など八作品のほか、一分以内でイベントやグループを宣伝する「じゃんじゃんＰＲ」や「ビデオワンポイントアドバイス」という地域にこだわる内容となっている。

キャッチネットワークは、デンソー、豊田自動織機、アイシン精機など地元にあるトヨタ系企業が中心となって九一年に設立され、九二年に開局した。エリアは、碧海地域の刈谷、安城、高浜、知立《ちりゅう》、碧南の五市と隣接する西尾市、一色、吉良、幡豆の三町。加入世帯数は二〇〇七年五月末で十三万七千世帯、接続率は五七％に及ぶ。名古屋市の郊外、自動車関連企業の本社、工場が立地し、他県から移り住む人が多い、都市とも農村ともいえない地域だ。民放テレビ局が三系列しかない山陰の中海テレビ放送とは違って、民放五系列のすべてを視聴でき、情報への飢餓感も低かった。

地域密着のチャンネル

こうした地域のケーブルテレビがパブリック・アクセス・チャンネルに踏み出した理由は、「デジ

「チャンネル Daichi」参加者にビデオカメラ撮影法を教える村上代表

タル化の大競争時代に生き残るには、地域と密接な関係が必要」と判断したからであり、加入世帯を増やそうとは考えていないという。社長の川瀬隆介《たかよし》は「会社が軌道に乗ればやりたいと考えていた。地域の人々が登場するだけでなく、進化して制作に参画することは地域の活性化につながる。地域密着は当然であり、さらなる土着化をめざす」と話した。

市民放送局のチャンネルＤａｉｃｈｉを担当したコンテンツ制作本部長の倉地陽一は、パブリック・アクセス・チャンネル発足の条件は二つある、と指摘する。

ひとつは、ケーブルテレビ経営者側の理解だ。同社の役員が、新しいコンテンツ(番組内容)ではなく、「市民にケーブルテレビを使ってもらう場」として位置づけ導入することに積極的な姿勢を示した。番組の質の高さを求めるよりも、素人の映像でも地域に還元できるものがないかを探る試みといえた。

もうひとつは、地域に番組制作のキーパーソンがいること。エリア内の安城市を中心とする三市には愛好家による八つほどのビデオグループがあり、以前、コミュニティーチャンネルでビデオ作品を隔週で十五分ずつ放送していた。二〇〇三年秋、市民のビデオ作品を集める映像祭を翌年に開きたいと、キャッチネットワークに後援依頼があった。市民放送局の構想を練り始めていたキャッチ側と、作品を広く放送したいという市民の願望がパブリック・アクセス・チャンネルにつながっていった。〇四年十一月に開かれた映像祭の実行委員会の副代表をつとめビデオグループの中心にいた安城市の村上憓和《よしかず》が、チャンネルDaichiの初代代表に就任した。

二〇〇四年五月に「市民放送局準備委員会」が設けられた。倉地は中海テレビ放送や武蔵野三鷹ケーブルテレビなどを視察した。そして、「さまざまな伝統や文化を紹介し、生き方、考え方を共に伝え合うことで、明るく、楽しく、生き生きとしたまちづくりに貢献する『市民による市民のための市民放送局』として設立します」という趣意書が決まった。キャッチネットワーク自身はスタジオやデジタルビデオカメラ、編集機などを貸す役割にとどまり、あくまで支援する立場だ。提出してもらった番組計画書が「趣意書」に沿っているかの検討、番組試写のよる考査は行なうが、運営は市民にゆだねられ、〇七年三月にはNPO法人化した。

代表となった村上は大分県中津市生まれ。トヨタ自動車に勤めながら、趣味で八ミリフィルムやビデオの撮影をしてきた。記録サークル「テレカメ」をつくって代表となり、地元の市民講座で講師をしていた。市民放送局でも初心者に撮り方を教えている。市民放送局の番組制作は当初、週に三回程度と見込んでいたが、ほぼ毎日つめかけるようになった。二年間で千五百人が利用、毎月平均十五本の作品が放送されている。

「市民放送局に参加している人のうち地元の出身者は半数いないのではないか。ビデオ作品といっても、それぞれが自分の趣味を発表するだけのチャンネルにはしたくない。制作した市民の思いや活動が、見た人を元気づけ、よりよい地域づくりにつなげていきたい」と話した。

制作参加はまだ少数派

ケーブルテレビのコミュニティーチャンネルで住民がどれくらい制作に参加しているかを、二〇〇二年に調べた報告がある[4]。全国五百五十七局のケーブルテレビに質問を郵送し、四七％にあたる二百六十二局から回答があった。その結果によると、コミュニティーチャンネルを保有するのは二百四十五局で、保有数の平均は一・五七チャンネルだった。このうち、住民や団体・グループによる制作参加が行なわれていたのは三十六局にとどまる。まだ少数派の存在だ[5]。

放送局から視聴者に一方的に流すのではなく、受け手だった視聴者が制作にかかわることで「発言・主張」機能を付与することができるのではないか。こうした期待を寄せられたものの、住民参加の番組はなかなか集まらないことが、パブリック・アクセス・チャンネルのすそ野が広がらない理由だった。

ＮＨＫ放送文化研究所主任研究員としてケーブルテレビの調査をしてきた立正大特任教授の平塚

千尋は、「中海テレビ放送の市民制作番組は初期、カメラを振り回すような作品があり、いつまで持つかとも思った。しかし、制作する市民が増えてきており、加入者を集める原動力にもなっている。撮影するカメラの操作や編集が簡単になったことも、持続した要因のひとつといえる」と見ている。そして、「日本における市民放送のかかえる問題は、制度、財政基盤、人材育成の三点にわたる。財政的には、米国のパブリック・アクセス・チャンネルのように、地域独占のケーブル事業者にチャンネルや施設・機材、売上金の一部を提供させるとか、ドイツのオープンチャンネルのように受信料から一部を配布するなどして、経営基盤を確立させることが必要だろう」と提言している。

根づかない住民の制作参加

多チャンネルを展開する大規模ケーブルテレビのイッツ・コミュニケーションズ（本社・川崎市高津区、略称イッツコム）の会長、河村浩は、一九八三年にこの会社の前身にあたる「東急有線テレビ」が設立されて以来の、ただ一人の生え抜きだ。八六年に「東急ケーブルテレビジョン」、そしてソニーの出資を受けた翌二〇〇一年に現社名にと変わる時代を生きて、都市部でのケーブルテレビの苦戦と発展を体験してきた。

同社は「都市型ケーブルテレビ」の代表的な存在だった。双方向機能をもっていて、受信できる引き込み端子数が一万を上回り、自主放送が五チャンネル以上あることが「都市型」の条件となっていた。東急田園都市線沿線の東京都渋谷・世田谷・目黒区、横浜市青葉・緑区、川崎市宮前・高

地域情報番組「いっつ365」では、画面わきに東急線の運行情報と天気予報が流れる

津区などの約百四万世帯を対象地域とする。二〇〇七年六月末で、多チャンネルテレビの加入世帯数は十四万二千二百世帯、再送信を含めると、視聴世帯数は五十四万四千七百世帯を数える。株式投資をする加入者の多さを反映してか、他のケーブルテレビに比べると、経済専門チャンネルの日経CNBCの視聴率が高いといわれる土地柄だ。

　河村は、コミュニティーチャンネルで住民が番組にかかわる仕掛けや実験を重ねてきた。一九八七年から四年間ほど、たまプラーザ駅前の百貨店の店頭に「開放カメラ」を置いて、連日一時間、その映像を放送した。カメラの前でパフォーマンスをしてもそのまま映すものだった。また、八八年から約二年間は大学の放送部に番組制作を依頼した。九四年には緑区から青葉区が分かれるのを記念して、区と共同で一話三十分、四回のドラマ「青葉物語」を制作した。出演者は、大半が素人の区民だった。

　これらの試みについて、河村は「市民にゆだねるにしても、放送するとなると、遊びでは続かない。こちらがしっかりフォローしないとダメだ。住民の制作参加はいろいろと試みたが、なかなか根づかなかった」と総括する。

ネットサービスが追い風に

私鉄は、住宅開発やレジャー施設といった多角化事業の一環として「情報」に注目し、ケーブルテレビの経営に参入した。多摩ケーブルネットワークが「都市型」として全国で初めて開局してから半年後の八七年十月、東急電鉄が筆頭株主だった東急ケーブルテレビジョンは放送を始めた。しかし、十年目に二五％と見込んだ加入率は思ったほど上がらなかった。NHKとNHK教育、民放キー五局に、地元のUHF局なども視聴できる恵まれた放送環境がすでに整っていたこともあり、多チャンネルサービスの利用者数なかなか伸びなかった。河村は、「地上波以外のテレビを見る時間的余裕があまりなかった。お金を払ってCNNニュースや映画、音楽などの専門チャンネルを見ようとする視聴者は一部で、多チャンネルを消化できる人たちは少なかった。ただ、最近は巨人戦の視聴率低下に象徴されるように、関心の対象が多様化し、専門チャンネルもじわじわと伸びてきている」と話す。初めて黒字になったのは開局から十年後の九七年度だった。それまでは親会社の支援を受けてしのいできた。

放送事業として始まったケーブルテレビの追い風となったのは、そのケーブル回線を使ったインターネットサービスという通信事業だった。イッツコムは一九九八年四月からインターネットサービスを始めた。翌九九年には放送の加入者数の伸びを、インターネット契約が上回るようになった。この逆転現象はADSL（非対称デジタル加入線）事業が本格化する前の二〇〇一年まで続いた。

予測を大きく下回った普及

約三百七十社が加盟する日本ケーブルテレビ連盟（東京都品川区）の常勤顧問、水島太蔵《たぞう》によると、ケーブルテレビ局の収入の約三割はインターネットサービスなどの通信事業が占める。ケーブルテレビの誕生時に想定していた多チャンネル事業に通信サービスが加わることによって、赤字基調だったケーブルテレビの約八割が黒字となり、決算は好調だ。「地域密着」の番組だけではなく、地域にケーブルが張り巡らされたインフラが認知されることによって、経営的にも果実をもたらした。

電通出身の水島は「七〇～八〇年代を通じてケーブルテレビへの期待感は高かった」と振り返る。八〇年代末には番組配信の方法が、かつてのビデオテープの運搬から、通信衛星回線を通したものへと変わった。郵政省は、これを「スペース・ケーブルネット」と名づけ、期待を寄せた。(6)郵政省スペース・ケーブルネット推進懇談会の当時の予測では、二〇〇一年にはケーブルテレビ事業の市場規模が一兆五百十億円、多チャンネルの普及が千三百二十三万世帯とされていた。(7)ところが、実際には、〇一年度で二千七百十八億円、(8)四百六十六万世帯(9)と、半分にも遠く及ばない水準にとどまっている。(10)

身売りされた第三セクター局

千葉県浦安市には、市長が社長を兼任する第三セクターのケーブルテレビ局「スーパーネットワークユー（SNU）」があった。きっかけは、前市長の熊川好生が一九八二年、奈良県生駒市で行なわれていた光ファイバーによる双方向ケーブルテレビの実験「ハイオービス」[11]を視察したことだった。新住民が増えて街が大きく変わろうとしていた。ケーブルテレビの双方向性を生かせば、市民の意見を知るとともに、行政の効率を高めることができるのではないか、と導入に乗り出した。

浦安市は一九八五年、通産省（現・経済産業省）の地域情報化政策「ニューメディア・コミュニティ構想」の指定を受け、補助金を得て、八八年に第三セクターの株式会社を発足させた。市は五〇%を出資した。小規模な農村型ケーブルテレビで町村が全額出資する例はあるが、大都市近郊の自治体では異例の高さだった。九〇年に開局。対象は市内全域。SNUの社員二十三人のうち数人は市職員からの出向組だった。

コミュニティーチャンネルでは、双方向性を利用したクイズ番組なども放送された。当時は三十チャンネルで、視聴料は月二千八百円だった。市民に対しては加入金四万円を全額補助するという思い切った策を打ち出したが、加入率は市の期待ほど伸びなかった。

一方、市民からは、「のど自慢大会など行政とは関係のない番組を含め、九一年度で三億五千万円の制作費を負担するのはおかしい」「市民の加入率は一割にも満たない中での過大な出資は行政サービスの公平を欠いている」といった批判の声があがるようになり、市民百四十五人が九二年六月、

「市が営利団体のSNUに職員を派遣したうえ年間五千万円の給与全額を払うのは違法だ」などとして、市長を相手取り、予算支出の是正を求める監査請求を提出した。[12] 浦安市の監査委員は同年八月、「SNUの公共性、公益性はきわめて高い」と住民の請求を棄却したが、市長に対しては「事業推進計画や費用面などにつき、市民の理解を得るように努めるべきだ」と異例の要望をつけた。

放送エリアを市外に広げるわけにいかない。加入者は伸び悩み、赤字が増える一方で、九七年度決算で債務超過に陥った。一九九九年時点で加入率は約三〇％にとどまり、累積赤字は二十五億円に達した。市議会の一般質問でも、しばしば取り上げられた。熊川に代わって九八年に市長に就任した松崎秀樹は、外部識者による「CATV事業に関する調査検討委員会」を設け、今後のありについて意見を求めた。

二〇〇〇年二月に出された報告書では、①市主体から民間主体へと運営形態を見直す、②常勤役員をふくめ民間センスの導入で経営改善を図る、③補助金や番組制作費を見直す、という方針が示された。「立派すぎる」との声があった社屋は、同年七月、倉庫を改築した建物に移転させられた。二〇〇〇年度の番組制作委託費は一億五千万円に減額させられた。

二〇〇一年五月には、市がもっていたSNUの株式を、複数のケーブルテレビ事業を統括する企業であるジュピターテレコムに譲渡することが決まり、同年八月に手続きがとられた。いわば身売りである。株式売却時の資本金は三十四億円だった。市の出資比率は五〇％から五％に引き下げられ、社長も代わった。SNUは存続したが、「ジェイコム浦安」と愛称が代わった。〇五年四月には、ジェイコム浦安、ジェイコムＹＹ八千代（ケーブルネットワークやちよ）、ジェイコム木更津（木更津ケーブルテレビ）の三社が合併し、ジェイコム千葉となった。

＊

現在、浦安市はコミュニティーチャンネルで放送している「こちら浦安情報局」などの制作委託費として、年間八千万円を支出している。制作費とともに浦安にまつわる番組の放送時間も、かつてに比べると大幅に減った。ＳＮＵ常務を務めたことがある浦安市総務部参事の田代壽郎は、「ケーブルテレビの存在意義は認められていたが、装置産業として金食い虫だった。デジタル化やブロードバンドの進展など、情報化の流れは速い。施設に投資しようとすると支出が膨大になり、市として保有すべきではない、という結論に達した」と振り返る。

監査請求の代表をつとめた同市美浜一丁目在住の弁護士堀野紀《おさむ》は、ずっとケーブルテレビには加入していなかった。〇一年にスカパーに加入し、もっぱらプロ野球中継を楽しんできた。「浦安市長が妻の会社を通じて八千代市の汚職事件の贈賄業者から収入を得ていた問題で、二〇〇二年に市議会に百条委員会が設置された。市が地域番組の制作を委託している以上、批判できないのかもしれないが、この種の問題がケーブルテレビで取り上げられたとは聞いていない。市の広報あるいは街の話題を伝える程度で、真に必要な地域情報が伝えられているか疑問に感じる。ケーブルテレビの吸収合併などの話を聞くと、企画・編集の独立性のもとで番組の質を高めていかないと生き残れない時代なのかなと思う」と話した。

住民はケーブルテレビにどのようにかかわり合うべきなのか、その道筋はまだ明瞭には見えていない。ケーブルテレビは土地のローカリティーとは切り離すことはできないメディアだ。しかし、その一方で、「地域密着」のスローガンを掲げていれば収まるという時代は、すでに過去のものになっている。

規制緩和による外資進出

ＭＳＯ（Multiple System Operator）――複数のケーブルテレビを保有する統括運営会社を意味するこの言葉が、日本に上陸して十二年になる。国内初のＭＳＯは、住友商事が一九九五年一月、米国最大手ＭＳＯであるＴＣＩ（Tele-Communications International, Inc. 現 Liberty Media International Holdings LLC）による合弁で設立した「ジュピターテレコム」（本社・東京都港区）だった。

さっそく積極的な展開を始めた。まず同年三月、東京都の杉並ケーブルテレビ（現・ジェイコム東京）、ケーブルテレビネリマ（同）、シティケーブルビジョン府中（同）、小金井市民テレビ（同）の株式を住友商事から取得。さらに八月にジュピター群馬（現・ジェイコム群馬）、十一月には福岡ケーブルネットワークを設立するなど積極的な事業展開に乗りだした。その後も各地のケーブルテレビ局の吸収合併や株式取得などを繰り返し、経営規模を拡大させてきた。

「J：COM」の愛称で知られる同社は、多チャンネルのテレビにくわえ、インターネット、電話の三つのサービスができることを売り物に契約世帯数を増やしてきた。二〇〇七年七月現在、札幌、関東、関西、九州地域で二十三社四十一局を運営し、加入世帯数は二百六十九万三千四百世帯（テレビ二百二十二万四千、インターネット百十九万九千百、電話百二十六万九千百）と、国内最大のMSOである。スタートした年の契約世帯は一万七千世帯。十年間で百倍以上という急成長だった。

規模拡大の過程では経営の赤字にも苦しんだが、単年度の収支は二〇〇三年十二月期に黒字に転換、〇四年十二月期には連結の営業収益が千六百十三億円、営業利益が二百二十六億円を計上した。〇五年三月にはジャスダックに上場、八百二十一億円の経営資金を手中にした。

グループの従業員数は八千六百人を数え、営業部門を中心に、大阪から東京へといった社員の転勤がしばしば行なわれている。こうした人事異動は、限られた地域の事業体だったケーブルテレビでは思いもつかないことだった。

市町村合併のとばっちり

ジェイコムのように広域展開をするMSOの対極に、先行して活動してきた町村単位の農村型ケーブルテレビがある。

二〇〇五年三月、山口県北東部にある「むつみ村有線テレビ放送センター」のスタジオは、むつみ村が田万川町、須佐町、川上村、旭村、福栄村とともに萩市と合併するのにともなって無人となった。自治体直営だった「むつみ村ケーブルテレビ」は一九九六年七月に開局し、村の九四％にあ

山あいに建つ萩市むつみ総合情報センター（旧むつみ村有線テレビ放送センター）

たる約八百世帯が加入していたが、名称も「萩市むつみ総合情報センター」となった。

むつみ村ケーブルテレビは、日本がコメ市場の部分開放に日本は合意した九三年十二月の多角的貿易交渉「ウルグアイ・ラウンド」の置き土産だった。輸入農産物の関税引き下げの影響軽減や国際競争力の強化を名目に、九五年度から二〇〇〇年度までの間に計六兆百億円の「国内対策費」が投じられることになった。内訳は、公共事業三兆五千五百億円、農業構造改善事業八千九百億円、土地改良負担金・農地流動化対策など八千億円、融資事業七千七百億円。この農業構造改善事業の一つとして「情報基盤整備」が掲げられた[13]。

農水省によれば、国内対策費をつかった「地域農業基盤確立農業構造改善事業」(九四／二〇〇一年度)として、全国二十三カ所(十六県三十一市町村)でケーブルテレビが敷設された。総事業費は二百五十二億五千二百万円、ほぼ半分の百二十五億八千四百万円が国内対策費から出された。

農水省経営局構造改善課は、「この構造改善事業は、ケーブルテレビなどの情報受発信施設を整備し、その利活用を通して、地域農業の担い手を育成し、効率的かつ安定的な農業経営体を育成する事業でもあった」と話した[14]。

人口二千人、トマトやメロンの出荷が盛んな農村であるむつみ村有線テレビ放送もこの一つだった。十億一千万円かけて、十チャンネルの農村型の村営ケーブルテレビ（視聴料は月額千五十円）が誕生した。このうち半額の五億五百万円は農水省からの補助金だった。その後、二〇〇二年度から補助率が二分の一から三分の一へと下がった。コミュニティーチャンネルでは、村内の出来事のほか、営農指導といった自主放送と、気象情報専門の二チャンネルがあった。

ところが、むつみ村が他の五町村と萩市と合併することになり、旧むつみ村地域だけを対象としたケーブルテレビの運営は財政上、非効率になった。旧むつみ村を取り上げる放送時間は大きく減った。専従の村職員二人がケーブルテレビ番組の制作に携わっていたが、萩市と合併する以前から自治体がケーブルテレビを運営していた川上、旭、福栄の旧三村との施設統合により、すべての施設が一括管理されるようになった。ふだん使われなくなったスタジオにはカギがかけられ、旧むつみ村民に告知する音声・文字放送をするときなどに開けられる程度という。

いまは、他の旧三村と同じ番組が放送されるようになった。旧むつみ村民からは「合併前は村議会の番組をよく見ていたが、いまは萩市議会の番組はあまり見ない」（六十代女性）、「むつみ以外の地域の情報はたしかに増えた」（七十代男性）と評価は分かれているようだ。

萩市には民間主体の萩ケーブルネットワークがあるが、市の出資比率は一％にとどまる。同社は

ふだんは無人のむつみ総合情報センターの調整室

萩市のほか、自治体直営のケーブルテレビがなかった旧須佐町をエリアとしているものの、合併当時、旧田万川町は四割しかカバーしていなかった。このように、市町村合併のさい、ケーブルテレビのある自治体とない自治体が混在すると、公平な情報提供サービスができない、ということが、各地で問題になっている[15]。

また、国の補助金によって造られた施設は、目的外の使用があると返還しなければならない。このため、耐用年数が数十年といわれる鉄筋コンクリートのテレビ施設を、簡単に民間会社に移管するわけにはいかない事情がある。

規制緩和で誕生したMSO

ケーブルテレビをとりまく環境は一九九三年十二月、細川政権が打ち出した規制緩和政策によって大きく変わった。第一に、「地元資本要件」が緩和され、広域的な事業展開が全面的に可能になると同時に、「通信事業」への参入を認められた。この緩和策を受けて、外資と提携して複数のケーブルテレビを保有するMSOが誕生、複数の行政区域をエリアとする国内の事業者も増えた。

また、「五分の一未満」だった外資規制を「三分の一未満」に緩和された。九八年六月には、郵政省令によって、ケーブルテレビ事業者によるNTTなどの第一種電気通信事業者の加入者系光ファイバー網の利用が認められた。九七年一月、九八年二月とさらに緩和された。九九年六月には有線テレビジョン法の改定によって、すべてのケーブルテレビの外資規制と外国人役員規制が撤廃された。ケーブルテレビ事業者の集まりである日本ケーブルテレビ連盟[16]は、こうした流れを「郵政省は経済のグローバル化、通信と放送の融合化、および情報通信の基幹インフラとして光・同軸のハイブリット化を目指すため、有テレ法を改正しMSO参入の基盤を整備した」と位置づけている[17]。

九三年の規制緩和のとき、当時の郵政省放送行政局有線放送課長は、規制緩和の狙いを、「規模の拡大によって経営の効率が良くなるはず」「実施を決めた規制緩和によって、経営がさらに良くなるよう期待している」と説明している[18]。

九七年一月、通信事業を兼営するケーブルテレビ事業者について「三分の一未満」としていた外資の出資規制を撤廃する方針を決めたのは、NTTとKDDを除く通信事業者の外資規制廃止と整合性をとるための措置だった。

九八年七月から二〇〇一年一月まで最後の郵政省有線放送課長をつとめた総務省大臣官房企画課長の吉崎正弘によると、「ケーブルテレビの外資規制は、言論機関という位置づけから外資規制が設けられた」という。規制緩和路線のなか、「ケーブルテレビの本質は、言論機関よりもインフラにある」という〝再定義〟で規制の撤廃に踏み切るようになった。また、九二年にCS（通信衛星）による委託放送事業が始まるなど、「技術革新によって通信と放送が接近し融合がすすむなか、制度が新たなサービスを妨げるのはよくない、という判断があった。外資の出資規制撤廃では、外国からの圧力はなかった」と話した。

新規参入が容易になれば、競争はそれだけ激しくなる。規制緩和は、既存のケーブルテレビ事業者にとっては「ムチ」になるものだった。その一方で、ケーブルテレビ事業の振興のために、補助金という「アメ」が与えられた。「新世代地域ケーブルテレビ施設整備事業」として、自主放送による映像やインターネット接続サービスなどを提供する市町村や第三セクターのケーブルテレビ施設の整備に対して、前者の場合は三分の一、後者の場合は四分の一の国庫補助金が支給されることになった。[19] 九四年度にスタートしたものの予算が乏しかったこの事業のために、二〇〇一年度には二百二十八億円、〇二年度には百二十一億円という巨額の費用が投じられた。

積極的な合併戦略

ジュピターテレコムが大きな弾みをつけたのは、タイタス・コミュニケーションズ[20]を二〇〇〇年九月に株式交換で統合し、子会社化したことだった。当時、タイタス側は七局に九万四千の加入世帯を抱えていた。

ジュピターテレコム社長の森泉知行は住友商事出身の元商社マン。ビジネスとしてケーブルテレビを成功させようという意欲をのぞかせる。

「これまでのケーブルテレビは市町村単位と規模が小さく、地元に目を向けた映像発信基地の役割を果たしてきた。しかし、ケーブルテレビがインターネットサービスなどの通信分野に進出し、NTTをはじめとした通信会社と競合関係が生まれるようになった。放送にせよ、インターネットにせよ、電話にせよ、『ジュピターテレコムはいいサービスをしている』という信頼感を獲得して、お客様を抱え込み、勝ち残らないといけない。そのためには、先行投資をしていかないといけない」

この言葉を裏づけるように、ジュピターテレコムのテレビ契約世帯の約三割にあたる四十三万世帯がデジタルサービスを利用している。二〇〇五年一月のジェイコム東京を皮切りに、加入世帯のリクエストに応じた映画などを提供する「ビデオ・オン・デマンド（VOD）」サービスを、各地で次々と導入してもいる。競争相手はレンタルビデオ店だけではない。カラオケコンテンツを設けて家族が自宅で歌えるサービスもある。ただし、こうした先行投資や買収の代償として、約二千二百億円という多額の長期借入金を抱えている(21)。

都市部で参入相次ぐMSO

先行したジュピターテレコムを追いかけて、国内の他のMSO三社も拡大を続けている。

九七年、商社のトーメンが設立したMSOの「トーメンメディアコム」は二〇〇〇年、外国投資会社のオリンパス・キャピタル・ホールディングス・アジアとパシフィック・センチュリー・サイバーワークス・ジャパンに五八％にあたる第三者割当増資を行なった。同社は〇二年には「メディアッティ・コミュニケーションズ」（本社・東京都港区）に社名を変更した。シティケーブルネット（サービスエリアは埼玉県所沢市）、シティテレコムかながわ（神奈川県大和市など）に加え、〇四年にはメディアッティ・ブロードバンド・コミュニケーションズ（沖縄米軍基地内）、江戸川ケーブルテレビ（東京都江戸川区）、東上ケーブルテレビ（埼玉県志木市など）を傘下にした。〇五年五月現在、五局での加入はテレビ九万五千世帯、インターネット五万四千世帯となっている。

元住友信託銀行審査部長の社長、増永健は「局数を増やし、加入世帯数を三十万から五十万にあげたい。大規模化しないと、十分な設備投資をしたり技術開発のための要員を確保したりすることが難しい。新しいサービスでお客様を囲い込まないと、ケーブルテレビ以外の通信会社などに対抗できない」と、積極的な経営方針を打ち出している。増永はケーブルテレビのあり方について、次のように語る。

「地方なら地元のコミュニティーチャンネルを売り物として普及するかもしれないが、首都圏の場合、例えば地域のママさんバレー大会を放送したからといって必ずしも普及に結びつくとは限らない。むしろ、インターネットや電話などのサービスを含め、何かトラブルがあったとき、すぐ自宅に来てくれるというホームドクター的な地域密着がケーブルテレビの強みではないか」と考えている。

〇六年度の売上高は約八十億円で、十億円の赤字決算だったが、増永は「ケーブルテレビの加入率は米国の七〇％に比べ、日本の場合、接続可能世帯に対する多チャンネルサービスの加入世帯は二〇％程度にすぎない。まだまだ伸びる余地がある」と強気を崩さない。

〇四年二月には、ジュピターテレコムの大株主である米リバティ・メディア・インターナショナルが資本参加し、第二位の三六％の株式を取得した。増永は、「ジュピターテレコムとは切磋琢磨《せっさたくま》する関係にあり、協調するところは協調し、競うところは競い、ケーブルテレビ業界全体のステータスアップを図りたい」と話した。

規模拡大か地域密着か

関東地区を中心に展開するMSOとしてジャパンケーブルネット（JCN、本社・東京都中央区）がある。富士通、セコム、東京電力、丸紅が出資して二〇〇一年に設立された。東京、神奈川、千葉、熊本の各地で十三局を運営する。加入世帯は、テレビが三十五万世帯、インターネットが十五万世帯だ。

富士通出身で前社長の樋口淳《あつし》＝現・富士通特別顧問＝によれば、当初は三百億円を投じて四十局を組織する計画だった。ところが、ITバブルがはじけた二〇〇二年に計画を見直して堅実路線に修正した。JCNは〇四年度に黒字にする目標を達成した。経営規模では、積極拡大路線を取ったジュピターテレコムとは現時点では開きがあるが、〇八年度に二十局とする構想だ。

樋口は「地域のコミュニティーチャンネルを強化するため、十三局の制作スタッフを〇四年、本社にかなり集約するとともに、編成方針の一本化を図った。十三局共通で見られる番組なら、広告効果も期待できる。もちろん、これまで以上に地元との良好な関係を築きながら、加入者へ地域情報を発信していく地域密着型番組制作にも意欲的に取り組んでいくことが我々の使命だ」と語った。

ＪＣＮは〇六年三月、セコムと丸紅から株式を買い取った通信会社ＫＤＤＩの傘下に入り、〇七年六月には富士通の株式譲渡で子会社となった。資本の移り変わりは目まぐるしい。

関西では、大阪府豊中市、高槻市、東大阪市などを対象地域に二〇〇〇年に設立された関西ケーブルネットと、大阪市北東部にある都島、中央など九区をエリアとする九〇年設立の大阪セントラルケーブルネットワークが〇四年十二月に合併し、ケーブルウエスト（本社・大阪市中央区）が誕生した。両社とも筆頭株主は松下電器産業だから、いわば身内同士の合併だった。大阪市内九区のほか、十一市一町をエリアに、〇六年九月現在、加入数はテレビ三十二万世帯、インターネット十二万世帯となっている。

関西有数のＭＳＯだったケーブルウエストは〇六年九月、ジュピターテレコムに買収され、その傘下に入った。大が小をのみ込む再編だった。

ケーブルウエスト社長の松本正幸は合併前の〇五年、「ＮＴＴや関西電力系のケイ・オプティコムといった通信会社による低価格化攻勢に対し、ケーブルテレビの特色は地域密着であり、この『地域密着代』はワンコイン分はある。つまり、通信会社より料金が五百円までなら高くても、加入者はケーブルテレビにとどまってくれるだろう」と見ていた。業界全体の将来については、「ＭＳＯとして規模を拡大するか、小規模ならさらなる地域密着を図るのか。中途半端では生き残れない」と興味深い発言をしていた。

存在感うすれる自主放送

季刊誌『総合ジャーナリズム研究』編集長をつとめる関西大教授（ジャーナリズム論）の藤岡伸一郎は、有線テレビと呼ばれていた七〇年代終わりからケーブルテレビの取材・調査をしてきた。

自主放送に力を入れていた静岡県の東伊豆有線テレビ放送が、七八年一月の伊豆大島近海地震の際、地震発生で被害が出たときにした呼びかけが忘れられない。「いま、家の写真を撮りなさい」と放送していた。どこそこでがけ崩れが起きたとか、何人がけがをした、といったことはＮＨＫや地上波民放が伝える。災害補償の申請に必要な資料として、被災した自宅の写真を撮っておけ、と有線テレビは喚起したのだった。「これが地域で必要な役立つ情報なんだ」と、藤岡は感じ入った。

取材を重ねるなかで、「ケーブルテレビとは、誰が作っているか、誰が見ているかがわかる媒体だ」と気づいた。情報源は街の中にあり、住民が主役になれる。街づくりのために何ができるかを実践するテレビジャーナリズムではないか、という可能性に関心を寄せた。

農村向けのケーブルテレビ、ＭＰＩＳ（Multi-Purpose Information System ＝多元情報システム）は一九七八年、農水省の農村総合整備モデル事業によって、国内で初めて岐阜県国府町に完成した。〇七年三月末現在、全国百八カ所にある。農水省、総務省、経産省の三省が所管する社団法人・日本農村情報システム協会（東京都豊島区）が運営している。

藤岡は農水省の補助金を得て造られるMPISのような「お役所主導型」のケーブルテレビ施設があってもいい、とは思っていた。ただ、問題は街づくりのためにケーブルテレビに何ができるかと問いかけて住民をテレビに引っ張りだして活性化させなければ、ハード先行で終わってしまう。現実に、番組は上意下達の「お知らせ」が大半で、お役所の発想から抜け出せないまま今日に至っている。

八七年、NHKが地上波とは異なる独自編成の衛星第一テレビの二十四時間試験放送を始めた。八九年には民間通信衛星をつかった専門チャンネルの配信が次々にスタートし、九〇年には日本衛星放送（現・WOWOW）が登場した。こうした多チャンネル化が魅力となって、ケーブルテレビの加入を促進させた面はある。しかし、藤岡は「自主放送をしていたコミュニティーチャンネルの地位や存在感は逆に低下した」と感じた。

規模の利益と地域性

ジュピターテレコム社長の森泉は「規模の利益」を強調する。機材を購入するにしても、一度に多く買う方が安上がりになる。技術などの専門家を億にしても、一定の人数がいないと確保できない。だからこそ、「百万世帯規模の大きなケーブルテレビ会社でないと生き残れない」と拡大路線を歩んできた。ケーブルを延ばすにも、飛び地になると効率が悪い。面で広がる方が望ましいので、隣接する地域での資本提携をめざすようになる。森泉は、「米国では七〇～八〇％が多チャンネルサービスを受けている。これに対し、日本はまだ二〇％弱。日本は人口密度が高いという利点もあり、四〇～五〇％にはなるだろう。そのパイの取り合いがこれからさらに激しくなる」と予測している。

その一方で、各地域の情報を伝える自主放送のコミュニティーチャンネルの活用し、「地域密着を」とも呼びかけている。通信会社はテレビなど空中波を通じて料金や新サービスの広告を大々的に打つ。これに対して、ケーブルテレビの営業はお客さんの顔が見えるのが強み、という。

「地域密着だから、たとえば地元のママさんコーラスの映像を流しておけばいい、というものではない。また、民放テレビと同じようにお金をかければいい、というものでもない。その点で、日本のケーブルテレビは作り手が勘違いして、自己満足の番組を作る傾向がなくはなかった。地域を回る当社のスタッフが犯罪の予兆を感じたら警察に通報する『防犯パトロール隊』を〇四年から各地で設けた。地域を助け、喜ばれる存在にならなくては」と指摘した。

ローカル枠をめぐる対立

しかし、エリアを拡大するＭＳＯが掲げる「地域密着」と、住民側が求める「地域発信」の間に、ズレが生じることがある。

ジェイコム関西（本社・大阪市天王寺区）は、大阪、兵庫、和歌山の二府一県にまたがり、二〇〇七年三月末で加入者が四十一万九千世帯（テレビは三十三万五千世帯）と、ジェイコムグループでも国内最大の規模を誇る。九七年の設立後、ケーブルテレビ会社を次々と吸収合併し、エリアを広げていった。

地元向けの番組を放送するコミュニティーチャンネルのうち、半分前後はジェイコム関西傘下八局とジェイコムグループ二社の共通番組。関西圏一円の情報やテーマパーク「ユニバーサル・スタジオ・ジャパン」リポートなど、関西圏で関心の高い話題を取り上げる。残りの半分前後が局ごとのローカルな内容となっている。

このローカル枠をめぐり、ジェイコム宝塚川西の放送地域に含まれる自治体（宝塚市、川西市、三田市、猪名川町）とジェイコム関西の間で、ある協議が〇四年十一月ごろから毎月のように続けられていたことがある。例えば、猪名川町が手がける二十分間の広報番組「ふるふる！いながわ」は毎日、午前零時、六時、十時、午後四時、七時半の五回放送されているが、「同じものばかり見てもらうのは良くないのでは」と、午前零時と六時の二回の再放送を取りやめたい、とジェイコム関西が伝えたためだ。〇六年度からは一日三回の放送に削減されている。

「三市一町CATV協議会」の事務局をつとめた猪名川町では「『ふるふる！いながわ』では、町民が登場する各地域の様々な取り組みやイベントの紹介を中心に、行政から住民に伝えたい内容となっている。魅力ある番組づくりに取り組むとともに、見てもらう機会を増やすために色んな時間帯で放送している。我々としてコミュニティーチャンネルに望んでいるのは、台風時の災害情報といった地元が知りたいニュースを画面の一部をつかった文字放送でいいから二十四時間態勢で流せる仕組みにすることだ」と言っていた。地元ニュースを伝える広報番組「我が街Ｎｅｗｓ」の一日あたりの放送回数も、〇六年度五回、〇七年度四回となり、〇八年度は三回となる見通しだ。

ジェイコム関西では、コミュニティーチャンネルの理解を深めるとともに行政番組の充実をめざすため、自治体でつくる協議会と話し合う方式をジェイコム宝塚川西以外でも採ってきた。ジェイコム関西営業統括部メディアセンターでは「地域の人々をできるだけ登場させるというコミュニティーチャンネルの考え方は変わっていない。ただ、視聴者は生活者として地元の市町村だけでなく、大阪や梅田にも行く機会はあり、その情報についての関心はあるはず。行政番組については再放送が多かったことに対し、いつも同じものが放送されているという苦情が寄せられていた。このため、リピートの回数を減らす代わりに、地元以外の有益な情報を流せればと考えた。行政番組の総放送時間は減るかもしれないが、コンテンツそのものを削るわけではない」と話していた。

住友商事ケーブルテレビ事業部長から転じたジェイコム関西に転じ会長だった野崎暁《さとる》は、「ケーブルテレビはこんなものだという思い込みがこの業界にはあり、かつてはコミュニティーチャンネルにお金をかけすぎていた。営業や技術を含めて人の使い方をきちんとコントロールしないと、効率の悪い仕事になって金食い虫になる傾向がある。ポイントは、お客様の満足度と合致しているかどうかだ」と話していた。

ジェイコム関西は二〇〇一年に、各局に分かれていた制作部門を本社のメディアセンターに集約

ケーブルテレビの新技術や番組などが発表された「ケーブルテレビ2005」

し、四十人以上いた制作スタッフを十三人に激減した。

野崎は「技術革新がすすむなか、伝送路や放送設備、サービス内容の見直しに迫られる。求められているのはスピードであり、経営面では他のケーブルテレビとの連携強化をさらに進めたいと考えている」と語った。

リージョン枠とナショナル枠

二〇〇五年六月十五日から十七日まで、東京ビッグサイトで開かれた展示会「ケーブルテレビ２００５」（日本ＣＡＴＶ技術協会、日本ケーブル連盟主催）のジュピターテレコムのブースでは、コミュニティーチャンネルを説明するパネルにこう書かれてあった。

「各局ごとに構成が異なる『エリア枠』、近隣エリアごとに編成をしている『リージョン枠』、グループのネットワークを生かした『ナショナル枠』」

「エリア枠」が、従来のコミュニティーチャンネルの概念だった。ケーブルテレビが市町村ごとのメディアにとどまっていた時代には考えられなかった「リージョン枠」が成立し、全国ネットワークを持つ地上波の世界だった「ナショナル枠」が、〇四年四月に設けられた。事実、広域化をすすめたジェイコム関西では、関西圏を対象としたリージョン枠が半分前後を占め、地域ごとのエリア枠を縮小する動きが出ている。

効率化を追い求めるMSOの動きについては、その内部からも疑問を投げかける声が聞こえる。ジェイコムグループのある中堅社員は「ケーブルテレビの存在意義は、地域をよくするためのメディアであることで、住民と一緒になって地域を元気づける起爆剤になること。しかし、〇三年ごろから始まった全国統一の番組や人員削減のための統合化など、現在向かっているのは地上波民放と同じ視聴率狙いだ。マイナーかもしれないが大切な地域情報はある」と指摘する。

最大の強みは「地域密着」

関西大教授の藤岡は「ケーブルテレビで経済合理性だけを追求していけば、MSOにたどりつく。加入世帯数が大きく伸びたきっかけとしては、自主放送のチャンネルよりもインターネットサービスを始めたことが大きかったのも事実だ。また、ケーブルテレビがテレビ番組やインターネット、電話の単なる伝送路にすぎないといえば、そうかもしれない」と認める。ただ、「地上波とは違う放送内容の多様性を求めることを出発点としたコミュニティーチャンネルのあり方から考えると、違う番組内容になってきた」と感じざるをえないという。「全国展開の大手配給会社しかできないシネマコンプレックスが増え、地元の映画館が青息吐息となっている光景と似ている」

ケーブルテレビを長く取材してきた業界誌『放送ジャーナル』編集長の佐々木嘉雄は「ケーブルテレビは、地方でも県庁所在地ではなく、映像メディアのない周辺都市などで地域の活性化をになって発足したケースが多い。その地域の出身者が愛着をもって資本を出した。都市型になって大資本が参入するようになり、ＭＳＯでは外資が加わりビジネス優先となった」と話す。七五年には自主放送の番組を支援するため、放送ジャーナル社主催の「日本ＣＡＴＶ大賞（現・日本ケーブルテレビ大賞）」を創設するなど、ケーブルテレビと深いかかわりをもってきた。「ケーブルテレビは、サービスの領域を広げるたびに競争相手も増えてきた。多チャンネルサービスではスカパーと、インターネットではヤフーなどの通信会社と、いった具合だ。その中で、そもそもの理念である地域密着という点は残された最大の強みであることをもっと認識すべきではないか」と指摘している。[22]

一方、十年間で一万七千世帯から加入者を百倍以上に伸ばしたジュピターテレコム社長の森泉は「成功の十年だったが、なるべく早く三百万世帯にしたい」と夢を語る。そして、「かつてのケーブルテレビは地域に保護される世界にいた。いま、戦場は放送だけでなく通信の分野にも広がっている」。二百二十万部を印刷している加入世帯に配る雑誌形式の番組表を、角川書店と〇五年に合弁でつくった角川ジェイコムメディアで印刷している。街の情報や広告を載せた地域ごとのフリーペーパーの発行を始めた。様々な戦略を進めている。

＊

「地域格差の是正」をうたい、国の補助金を投入して支えられてきた農村のケーブルテレビと、米国にくらべて低い普及率に目をつけて外資が積極的に乗りだし買収を重ねるMSO――規制緩和によって外資進出、買収・合併という激流が、日本のケーブルテレビにも押し寄せた。地上波の世界よりひと足早く、放送と通信の融合が現実のものになったのだった。

【注】

(1) 総務省情報通信政策局地域放送課「ケーブルテレビの現状」、二〇〇七年六月。

(2)『放送ジャーナル』二〇〇七年七月号は、多チャンネルを受信する「ホームターミナル設置世帯数」について、同年三月末の調査として、六百四十三万四千二百五世帯という数字を挙げている。前年比六・四%増で、ケーブルテレビ接続可能世帯のうち一六・三%を占めている。

(3) 平塚千尋「どうする日本でのメディア・アクセス」、津田正夫・平塚千尋編『パブリック・アクセス』、リベルタ出版、一九九八年。二〇〇四年度決算では、売上高十五億円、経常利益7千万円だったが、九八年度までは赤字続きだったという。

(4) 金京煥(キム・キョン・ハン)「日本の放送参加に関する研究――ケーブルテレビを中心に」、上智大学文学研究科新聞学専攻博士論文、二〇〇四年。

(5) 海外のPACについて、津田正夫・立命館大教授は、「アメリカでは公民権活動の歴史経験から、70年代にケーブル実用化にあわせてパブリック・アクセス・チャンネル(市民制作放送)を原則化し、ケーブル事業者の負担で市民の映像制作を支援するアクセスセンターを設けてきた。各種教育用のチャンネルを含めコミュニティーに開放されているチャンネルは、全米で二千以上になる。ドイツ、オランダ、フランスでも80年代半ばから、ケーブルや衛星の商用化、デジタル化と抱き合わせで市民放送を制度化し、台湾・韓国では民主化の過程で市民制作番組の放送が義務化された」（朝日新聞、二〇〇三年十一月二十四日付朝刊）と経緯を述べている。

（6）野崎茂・メディア学舎総主事は「テレビの熟成」（郵政研究所編『21世紀 放送の論点』、日刊工業新聞社、一九九八年所収）で、「私の造語でいうとCATVは、放送（地上放送）の空間調節補助装置という役割にとどまることになる。80年代になって、スペース・ケーブルネット構想が政策化されても、産業動向（資本動向）は敏感に反応しなかった」と述べている。

（7）郵政省スペース・ケーブルネット推進懇談会編『CATV新時代宣言』、ぎょうせい、一九八八年。

（8）電通総研編『情報メディア白書2005』、ダイヤモンド社、二〇〇四年。

（9）『放送ジャーナル』二〇〇五年七月号、特集「日本のケーブルテレビ2005」。

（10）たとえば、「放送番組は、ある局のある時間枠の、一回の放送のために作るのが原則になっているので、番組ソフト市場もほとんどない。したがってケーブルテレビ向けの番組供給事業も成り立ちにくい。80年代のCATVブームは、このような日米の差を考えずに、アメリカでの成功ばかりを見ていたきらいがあった」（佐々木一朗『多チャンネル放送時代』、ダイヤモンド社、一九九七年）という指摘がある。

（11）Hi-OVIS（完全双方向光映像情報システム）。通産省が支援し、奈良県生駒市で、一九七八年から八六年まで実施された双方向マルチメディアCATVの実験。終了後、施設は近鉄ケーブルネットワークに引き継がれた。郵政省がかかわり、多摩ニュータウンで七五～八〇年に行なわれたCCIS（同軸ケーブル情報システム）実験と並ぶケーブルテレビのプロジェクトだった。

（12）朝日新聞、一九九二年八月五日付朝刊（千葉版）。

（13）ウルグアイ・ラウンド農業合意関連対策大綱、九四年十月二十五日。

（14）農水省のケーブルテレビ建設に対する支援は、二〇〇〇／〇三年度に経営局構造改善課の「経営構造対策事業等」、〇一／〇二年度には農村振興局農村整備課の「農村振興地域情報基盤整備事業」も行なわれた。

〇三／〇四年度は同課の「農村振興支援総合対策事業」（補助金）となり、〇五年度からは同局地域振興課の「元気な地域づくり交付金」に変わった。

（15）「特集・平成の大合併／困惑と混迷!!／行方定まらぬケーブル事業」、『ケーブル新時代』二〇〇五年四月号、NHKソフトウェア。

（16）前身は、一九七四年に任意団体として発足した日本有線テレビジョン放送連盟。八〇年に社団法人となり、八六年に日本CATV連盟と改称、九五年から日本ケーブルテレビ連盟と名を改めた。

（17）社団法人ケーブルテレビ連盟25周年記念誌編集委員会『日本のケーブルテレビ発展史』、日本ケーブルテレビ連盟、二〇〇五年。

（18）日経産業新聞、一九九三年十月九日付。

（19）二〇〇一年度以降の第三セクターに対する補助率は、一般の地域で四分の一、三大都市圏の近郊整備地域などが六分の一、三大都市圏の既成市街地などが八分の一と引き下げられた。〇三年度以降の予算は二十億円前後となった。

（20）ジュピターテレコムとの統合により、二〇〇〇年九月にタイタス・スキャットがジェイコム札幌に、〇一年九月にはタイタス・コミュニケーションズがジェイコム関東、タイタス相鉄がジェイコム大和にそれぞれ商号変更された。

（21）『新株式発行並びに株式売出届目論見書』、二〇〇五年二月、ジュピターテレコム。

（22）『総合ジャーナリズム研究』一九九五年秋季号。

4　参入・撤退相次ぐＣＳデジタル放送

淘汰すすむ独立系専門チャンネル

地上波テレビは似たような番組ばかりが並んでいる。専門チャンネルが実現すれば、より多様な放送内容になるのではないか――こんな発想のもと、一九九六年にＣＳデジタル放送が実現した。アナログでは通信衛星（ＣＳ）[1]に搭載されたトランスポンダ（中継器）一本でテレビ一チャンネル分だったのが、デジタルでは一本で約六チャンネルが可能になる。年間五億～六億円もかかった中継器の使用料が一億円前後となり、この業界への参入の敷居は、ぐんと低くなった。「電波の希少性」は過去のものとした。同時に、だれもが楽しめる最大公約数としてのテレビという概念を打ち消す「専門チャンネル」の乱立も意味した。情報圧縮というデジタル技術によって圧倒的な数の送り手を生んだこの歩みは、放送界に例を見ない淘汰の跡を残すことにもなった。

二百五十チャンネル超すスカパー

電波を発射する送信施設と番組を制作する放送局が一致した地上波テレビとはちがい、CS放送ではアナログ時代の八九年、放送法改正によって受託放送事業者（衛星のトランスポンダ提供者）と委託放送事業者（番組の編集主体）を分けるようになった。さらに、CSデジタルでは、顧客を管理するプラットホーム会社が「受託」と「委託」の仲立ちをするビジネスモデルが誕生した。CSを通じ番組の放送をしたければ国に申請したうえで委託放送事業者の免許を得る必要はあった。ただ、二〇〇二年にできた電気通信役務利用放送法により免許の付与ではなく総務省への届け出制となった。

CSでは国内で実質上一社だけのプラットホーム[2]であるスカイパーフェクト・コミュニケーションズ（サービス名称・スカイパーフェクTV!、略称・スカパー、本社・東京都渋谷区）[3]が、衛星通信会社JSAT（本社・東京都千代田区）の保有する東経一二四度、一二八度の二機の通信衛星をつかい放送しているチャンネル数は、〇七年七月現在で、テレビ百八十七、ラジオ百一の計二百八十八（九十六事業者）を数える。さらに番組内容はほぼ重なるものの、東経一一〇度衛星からもテレビとデータ放送で六十九チャンネルが放送されている。六月末現在の契約者数は、光ファイバー利用の「スカパー光」を含め、原則として自宅のパラボラアンテナで受信する個人が三百六十五万百十三件、法人などを加えた総登録で四百二十五万三千九百九十四件だ。一般世帯向けのCSアナログ放送は九二年に始まったが[4]、個別受信の契約数は二十万件足らずにとどまっていた。

四分の一が放送を中止

デジタル化によりテレビ二百チャンネル時代に突入はした。しかし、免許を得たものの放送を実現できなかったり、赤字によって放送中止に追い込まれて免許を返上したりという撤退が相次ぐ半面、新規参入もあとを絶たない。

総務省の情報通信政策局衛星放送課によれば、二〇〇七年五月末現在、CSデジタル（東経一一〇度衛星を除く）の「委託放送事業者」は百一社、「電気通信役務利用放送事業者」は四十五社（うち三十七社は委託からの移行）の計百四十六社が存在している。その一方で、少なくとも放送を中止した事業者は委託三十八社、役務二社の計四十社。四分の一近くが姿を消した計算となる。

停止したチャンネルと撤退時期は、例えば次のような顔ぶれだ。[5]

スーパー・ビューティ・チャンネル（美容情報、九八年十月）、avanz TV チャオ！キネマ・アモーレ（欧州映画、九八年十一月）、子育てch・GROWTH（育児情報、九九年五月）、ヒューマンネットワークTV（ボランティア情報、九九年七月）、FOX FAMILY（アニメなど、九九年七月）、Mチャンネル（ビジネス、九九年十一月）

地上波への見切り

志半ばで退場した放送人の姿を追ってみよう。

制作会社「時空工房」の社長だった鈴木克信は、地上波では下請けの地位から抜け出せないと、

CSデジタルで「放送局」になろうと決断した。衛星料金が安くなったことも追い風ととらえた。一九九二年、大阪と名古屋の制作会社二社とともにジェイアイシー（JIC、九六年七月にジャパンイメージコミュニケーションズと社名変更）を設立、九六年四月には委託放送事業者として四チャンネルの免許を受けた。当初の資本金は三千万円。制作プロダクションが放送局をめざすという初めての試みは注目され、新聞や雑誌にしばしば取り上げられた。鈴木は言う。「判官びいきがあったのか記事でしばしば取り上げられるたびに、証券会社や投資ベンチャーから連絡が入り、出資したいという申し出が相次いだ[6]」。増資をかさね、九七年三月には資本金は六十九億五千万円に達した。

鈴木は中央大時代にTBSでアルバイトを始め、卒業後、TBS関連の制作会社である東京ビデオセンターに入社、若者向けの公開番組「ぎんざNOW」を担当した。八〇年に時空工房を設立し、手がけたTBS系で放送された日曜昼の情報番組「噂の！東京マガジン」や土曜午前のトーク番組「鶴瓶の女と男・聞けば聞くほど」では、同じ時間帯の前の番組より視聴率を大幅に引き上げた。

制作会社を自立させたいと、中堅の制作会社十社で任意団体の制作集団「チームTEN」をつくったのは九〇年。議長となって会合を重ねた。結局、会社にしなければ競争力がつかないと、二年後のJICを設立させた。当初、CATVを通じて全国に番組を配信できないかというアイデアを検討していた。

JIC設立から二カ月後の九二年八月、鈴木はある研究会に招かれ、「テレビ番組制作会社の過去と現在、そして、未来への展望」をテーマに、こう報告した。「バブルの崩壊は今、重苦しい影をおとし始めている。テレビ局が制作会社を整理して、自らの制作能力を回復しようとしている。つまり、制作会社の切り捨てである」「多メディア時代に対応した新しい業界のあり方、システムを早急に作りだし、映像ソフト産業の基本的担い手を強化し、世界に通用するソフトを生み出さなければならない」……。翌九三年、米国を訪れ、CSをつかって配信するCNNなどを視察、大きな可能性を感じた。

鈴木が地上波に見切りをつける引き金となったのは、このころにTBS編成局幹部から受けた発言だった。「現行の二番組に加えゴールデンタイム（午後七時〜十時）のチャンスがほしい」と望んだ鈴木に、「同じ会社に週三本のレギュラーを発注するのは、制作会社行政のうえで無理だ」と拒絶したという。業績をあげても地上波では先はない、衛星で活路を見つけよう、と決意した。約一年後、衛星会社の社員から「デジタルの通信衛星を日本であげる」という計画を知らされ、自ら編成し全国に発信できるCSデジタルの参入へと大きく舵を切る。九五年八月、デジタルCSが打ち上げられた。鈴木が「JICバブルと言われた」と振り返るほどだった相次ぐ増資で、出資会社には警備会社のセコムや富士ゼロックス、東芝、伊藤忠商事などの大手企業も名を連ねるようになった。

一瞬に散った夢

東京都品川区に本社を構え、一九九六年十月、日本初のCSデジタル放送「パーフェクTV!」に、「旅チャンネル」、サブカルチャーの「MONDO21」、ドキュメンタリーの「地球の声」、海外娯楽番組の「チャンネルWE」という有料四チャンネル（単独では各月額五百円）をのせた。内容を充実させないと契約は増えないと、番組にはお金をかけた。提携した約百社の制作会社が番組を作ったり、海外からソフトを購入したりで、JIC自体はプロデューサー的な立場をとった。しかし、二年間で百万世帯という契約目標には遠く及ばず、赤字がかさみ、資本金をほぼ使い終えてしまった。[7] 九七年七月に役員の顔ぶれを一新、筆頭株主のセコム主導の経営立て直しに転換した。十二月には鈴木は社長から会長に退く。この一カ月前、かつて社長をつとめ連帯保証人をしていた時空工房が倒産し、三億円を超す債務保証を背負うことになった。翌九八年十二月にはJICから去った。自己破産の手続きを取り、放送界の表舞台から姿を消した。

一線から身を引いた鈴木が発言を始めるようになるまでに六年近くかかった。成功を収められなかった理由について、「番組にお金を払って見るという有料放送の壁が予想以上に高かった。旅チャンネルにしても、日本と外国に分けるといったように、もっと専門化した方がよかったかもしれない」と語る。JICでの放送事業を振り返って言う。「メディアがほしくてほしくて動き回った結果、一瞬に咲き、一瞬に散った桜のようだった。多チャンネル時代の先兵だったのかもしれない。リスクを負ったが、試みたことにまったく後悔はない。ただ、ドキュメンタリーなどの分野では国内の独立系事業者の大半がついえ、CSデジタル放送に大手資本しか残っていないのは残念だ」

〇四年十一月、スカパーのCSデジタル放送777チャンネル「リゾームセット」のインタビュー番組「聞き撮り」に出演した鈴木は、JICでの一部始終について、こう述懐している。「お金の額だけではなく、僕らの知らない世界に足を突っ込んでいるという感覚がある段階からありました……自分のスピード感とは違うスピード感になっていて、会社の伸びていくスピード感に恐怖感を持った。自分のコントロールが利かない所に来ちゃったなという気がした」。ようやく過去を省みることができるようになり、自らの体験を後進に伝えたいと沈黙を破ることにした。資本金三百万円の有限会社「旬蔵《しゅんぞう》」を二〇〇〇年に発足させ、ネット上のコンテンツ流通をビジネス化する仕事に取り組んでいる。

七カ月で休止したチャンネル

鈴木と同じように、全国発信の夢をCSデジタルにかけた番組の作り手たちはほかにもいた。熊本放送（TBS系）でドキュメンタリー番組を手がけてきた徳山博之もその一人だった。徳山は、鈴木がCATVを通した全国配信計画で地方の制作会社との提携を模索していたときの同志だった。地方ごとに地元の番組を作りネットワークを築けないかという発想で、徳山は九州の中心人物だった。「時代を創る構想だ」と感心したことを記憶している。

水俣病から開発問題、民謡・ハイヤ節のルーツ探索まで一作ごとにタイプの違う番組を手がけ、全国規模の放送の賞も数多く受けた。系列の制作会社ａｂｃぷらすの社長に転じていた一九九六年、九州・沖縄の地域情報チャンネルをCSデジタルで流そうと、「キューインタラクティブ」を熊本県益城町に設立し、社長に就任した。「六十歳を超えた年でなぜやるのかと言われたが、地域で生きてきたからこそ使命感を持った面もある。地方でいろいろと学び、放送でお世話になってきたからこそ、新しい時代のメディアであるCSデジタルのレールを地方で敷けないか、まずやってみようと考えた」と話す。

放送を始めたときの資本金は一億円、徳山は全株式の約二〇％をもった。九八年四月、委託放送事業者の認定をうけ、同年十月から無料放送を始めた。東京をはじめとして全国にいる九州出身者もねらい、九州各地の制作会社に依頼し、祭りやローカル鉄道の旅、釣りや観光の情報の番組を中心に編成した。割り当てられた777チャンネルを「パッションQ」と名づけた。Qにはクオリティー、クイーン、九州の意味を込めた。九九年一月から月額五百円で有料化したが、契約は四百件にとどまった。見込みより二けた少なかった。スカパーと衛星会社JSATへの支払いは合計で月額約三千万円。急きょ二月には「パッションQ」の継続をあきらめ、四月末で休止した。三カ月後、チャンネルを資格取得の専門学校が利用する形で「Q／TACチャンネル」という別の番組が流されることになった。

〇三年十月、相談役に退いた。十カ月で終わったパッションQについて、「CSによる全国発信で地域おこしをと考えたが、今にして思えば大それた考えだったのかもしれない。現状では、多チャンネルといっても、少数のマーケットでは難しい。私自身の能力もさることながら、意図したテレビの仕組みに取りかかれぬままの経緯が悔やまれる。ただ、国もプラットホーム会社もあるべきチャンネルの育成策がないのではないか」と、無念さを垣間見せた。

地上波とネットの挟撃

地上波の全国ネット番組のような視聴率指向でなくても、ＣＳデジタルなら一定の視聴者をつかまえられれば専門チャンネルが成立するはず――。こうした想定で地域情報を売り物に参入したのは徳山だけではなかった。

鹿島アントラーズのサポーター向け情報番組といった茨城の情報を全国に、と打ち出したチャンネル「Ｈ・Ｉ・Ｔ（ほっと茨城テレビ）」を一九九七年九月から放送した「つくばテレビ」（本社・東京都中央区）も、広告収入などが集まらず、九八年四月には衛星回線料の滞納で休止に追い込まれた。しかし、同年九月からチャンネル名は「Ｋｉｔ（きっと）まんぞくクラブ」に変更され、一転してレースクイーンのイメージビデオやアダルトビデオにと衣替えした。(8)

徳山が始めた「キューインタラクティブ」も、内容を変えていまも存続している。鈴木が登場したインタビュー番組「聞き撮り」は、「Ｑ／ＴＡＣチャンネル」が終わったあと〇三年十一月から始まった「リゾームセット」で放送された。「聞き撮り」を企画したのは、紆余曲折をへて後任の社長となった徳山の次男大毅《だいき》だった。大毅は鈴木が社長をつとめたＪＩＣの社員という奇《く》しき縁でつながっていた。

大毅は早稲田大でフランス哲学を専攻したあと、農業関係の専門紙に入社したが、失望して一年半で記者をやめた。新聞の求人広告で見つけたのがＪＩＣだった。歴史は浅くても自分でルールをつくれるのではと応募した。父親と鈴木が面識があるとは知らなかった。親子で同じ業界で働く気持ちはなく、知っていたら応募していなかっただろう、という。入社試験を受けると聞いて「JICという会社は知っているといえば知っている」とだけしか答えなかった徳山は、鈴木に「徳山の息子だから採る、というのだけはやめてくれ」と電話した。大毅は結局合格し、JICがデジタル放送開始を目前に控えた九六年春に入社した。

CATV向けの営業や経営企画の仕事に携わった。放送が始まったが、契約数は伸びない。最も悲観的な見込みの三分の二を大きく下回った。鈴木が大きな期待を寄せられCSデジタルの世界に迎えられてから、経営権を失っていくまでを間近で見つめていた。鈴木にすり寄ってきた人間が陰口をたたくのも耳にした。JIC時代に手がけた、米国のシンジケーションをモデルにしたコンテンツ流通の仕組みの構築をめざして、九九年に退社、翌年に独立した。JICにいたころ、CSデジタルに夢を追い求めようとする父の計画を聞き、「やめろ」と踏みとどまるようにと言った。引き下がらない父に「家屋敷を取られることを覚悟しておいた方がいい」と助言したが、「新しいこの事業は次の世代に」と話す父の跡を継ぎ、〇三年に社長となり、本社を東京・広尾（現在は横浜）に移した。

他の放送局が手がけないすき間の「ニッチマーケット」を狙い、たっぷり聞けるインタビューやクロダイやヘラブナ釣りに限定した番組などが混在した有料の「リゾームセット」は〇五年三月で一度休止した。〇四年四月には通販の化粧品会社をスポンサーに、会員向けの無料放送を239チャンネルで立ち上げた。結局、〇七年四月、一チャンネルを国に返上、一チャンネルは譲渡した。いまは〇六年に有限会社事業組合として設立した「テアトルプラトー」で演劇を映像として伝えている。

大毅は「CSはもっと多様性があっていいのに、鈴木さんが志したような独立系事業者は姿を消し、大手企業かその子会社ばかりになってしまった。衛星料金は他国に比べてあまりにも高いし、損益分岐点がもっと低くならないとお題目であるはずの新規参入は事実上難しい。メディアの多様化が進めば進むほどコンテンツこそアイデアをどう見つけるかが勝負だと思うが、少数向けのニッチマーケットの作品なら、インターネットや携帯電話の方がフィットする可能性があるのではないか。その時流に対して、地上波とネット系メディアに挟まれる形の衛星放送に明確なビジョンはあるのだろうか」と苦言を呈する。

見送られた事業化

徳山と同じように衛星をつかった地方発信の試みはあった。全国の地域情報番組を放送する計画だった「サテライトコミュニケーションズ西日本」（本社・鳥取県米子市、二〇〇〇年にサテライトコミュニケーションズネットワークと社名変更）は、キューインタラクティブと同じ一九九八年四月、委託放送事業の免許を得た。地元のCATV・中海《ちゅうかい》テレビ放送常務でもあった社長の高橋孝之《こうし》は、全国百四十局のCATVを結ぶ構想を練っていた。しかし、「まだ商売にはならない」と放送の事業化を見送った。

サテライトコミュニケーションズネットワークでは現在、米子で開かれるトライアスロン大会を中継したり、さっぽろ雪まつりなど需要のある映像を集めて配信したりと、地方から全国への発信を行ない、ＣＡＴＶでの地域チャンネルで放送されている。こうした配信料収入や四県知事の討論番組などの制作を手がける同社の社員は九人。年間売り上げは約三億円だ。

高橋は「地方の情報をいかにギャザリング（収集）し、加工するかがカギ」と話す。時空工房時代から鈴木の事務所が、赤坂、駒沢、用賀、そしてＪＩＣ本社の天王洲と、引っ越しをするたびに大きくなると感じていた。「ＪＩＣは四チャンネル体制でスタートと、大きく出すぎたように思う」と言った。

鈴木の二代あとの社長として九九年十月に就任したのは、セコム出身の中山潤三だった。九八年三月、四チャンネルのうち旅チャンネルとＭＯＮＤＯ21は存続となったが、残り二チャンネルは打ち切って他社の利用となった。社長になってからは、再放送を増やしていったん制作費を削減したあと、番組にお金をかけるようにした。大阪、名古屋、ニューヨークにあった支店を廃止、百二十人いた社員は半減させた、〇〇年には黒字転換を達成した。九七年にＪＩＣの取締役となる直前は、セコムの北京駐在だった。放送業界に移り、「人とのつながりで口約束の丼勘定」が中国の商習慣に似ていると感じた。

多チャンネルを実現したＣＳデジタルテレビの画面（ジュピターＴＶで）

チャンネル数よりも質の向上を

多チャンネルの実現によって視聴者の選択が広がり、「ソフトの時代」が到来する、と喧伝された。衛星料金が安くなり、小資本の事業者でも、番組制作能力さえあれば活躍の場が用意されているように語られた。しかし、現実は厳しかった。一チャンネルで百万～百五十万世帯の契約者が採算の分岐点といわれ、特化した専門チャンネルでこの加入者を集めるのは非常に難しかった[9]。

スカパー前社長の重村一＝現・ニッポン放送会長＝はフジテレビ編成局長から草創期のＣＳデジタルの世界に転じた。一九九七年にフジが出資したジェイ・スカイ・ビーの副社長となり、〇三年から三年間社長をつとめた。新規参入が相次ぐ一方で退場も多いＣＳデジタルの委託放送事業者について、「地上波は既存テレビ局に独占されてきた中で、ＣＳは参入障壁が低いのはすばらしい。淘汰される環境がないのは健全でない。いま必要なことは、チャンネルを増やすことではなく、質を上げること」と言い切る。

鈴木の壮大ともいえた試みを「志が違っていた」と見る。「制作会社と放送局とではビジネスモデルが違う。たくさんの資本金が入ってきて、放送局に支配された制作会社から放送局になろうとするのではなく、クオリティーで勝負すべきだった。四チャンネル放送するのではなく、えりすぐったドキュメンタリーの一チャンネルにしぼる発想をもつべきだったと思う」。地域情報チャンネルの挫折についても「スカパーのような衛星による家庭への直接配信でやるべきなのか、CATVでやるべきなのか、もっと考えるべきだった」と述べた。

重村はスカパーの問題点について、本当の淘汰が進んでいないことにある、と指摘していた。スカパーには、約三十ある共通チャンネルに加えて、数チャンネルずつプラスした五種類の「ベーシックパック」がある。この組み合わせはプラットホームの一存では決められない。〇四年初めからスタートした組み合わせの入れ替え論議が決着するには時間がかかった。事業者間の料金配分の割合も、必ずしもチャンネルの人気に比例していない。〇一年十一月に決まった五つのベーシックパック(月三千百四十円)は分野ごとになっているわけではなく、例えば二つあるゴルフのチャンネルが別々のグループに入っていた。重村は「互助組合」と形容した。ある関係者は、ベーシックパックの別名を、某総合商社系、カラオケ会社系などと呼び分けていた。

重村はこう主張する。「ニュース系チャンネルは、人気がなくてもベーシックに入れる必要はあるが、エンターテイメント系は競争原理を働かせないといけない。テレビ約二百チャンネルのうち競争力があるのは半分ほどだろう。ベーシックをはじめ、新たなチャンネルと入れ替えを進めるのが健全ではないか。既得権益を守ろうとするのでは民放地上波と同じだ。このままでは先行きは明るいと思っていない」

結局、〇五年十二月、六種類のパックを「よくばりパック」に統一し、六十六チャンネル（〇七年から六十八チャンネル）で月三千五百円にする料金体系の簡素化に踏み切った。従来の六十二チャンネル（ベーシックパックオール）で五千九百八十五円より約四割の値下げとうたい、よくばりパックから十五チャンネル選ぶ「えらべる15」は月二千八百円に設定した。

切実なニーズを自力で探れ

三井物産から日本通信衛星（ＪＣＳＡＴ、現・ＪＳＡＴ）の第三営業部長、スカパー営業本部長、委託放送事業のキッズステーション社長を歴任した有坂和明は、十五年にわたるＣＳとの関わりを振り返り、提言する。

「パーフェクＴＶが立ち上がるまでのアナログ時代が一番苦しかった。契約者が増えないから番組にお金をかけられない悪循環だった。どこの委託放送事業者もが倒産しそうだった。ようやくＣＳデジタルの委託放送事業者も黒字の環境になってきた。チャンネルの多様性は当初考えられていた以上になったが、ジャンル間、ジャンル内の競争が激しくなっている。自らの顧客をしっかりと囲い込むことが必要だ。例えば専門性が非常に高い在日ブラジル人向けのポルトガル語放送をするＩ

ＰＣブラジルチャンネルのように、視聴者をしっかりとつかんだチャンネルもある。競争の中で切実なニーズがどこにあるのかを自助努力で探っていくしかない」

強まる資本の論理〜挫折と隆盛と〜

撮影から取材、編集までひとりでこなすビデオジャーナリストの草分けである日本ビデオニュース（本社・東京都品川区）社長の神保《じんぼう》哲生は、一九九七年から二年間、ＣＳデジタル放送のチャンネル「ＣＮＢＣビジネスニュース」に取締役としてかかわったことがある。

米コロンビア大の大学院を修了してＡＰ通信東京特派員などをつとめたあと九四年に独立した神保は、アメリカで進む多チャンネル化に注目していた。新聞資本やテレビ系列に集中する日本のマスメディアでは、事実上、新規参入できないことに疑問を抱いていた。既存の地上波テレビとは違いスポンサーに依存しないＣＳ放送ならば、新しいニュース報道の道を切り開くことができるのでは、と期待を寄せた。デジタル化で衛星料金が安くなれば、ビデオジャーナリズムを実践できるかもしれない――。

短期間で実績を求める米国流

日本でＣＳデジタル放送が始まる半年前の九六年四月、神保はニュースチャンネルの開局をめざし、日本ビデオニュースを設立し、社長になった。ちょうどその頃、米三大ネットワークNBCとダウ・ジョーンズ社が提携した経済専門チャンネルCNBCから「東京支局を出したい」という話が舞い込んだ。もともと開発や環境の問題に関心があった。が、チャンネルを持つのが先決と、経済のニュースチャンネルをCSデジタルで立ち上げることにした。アジアビジネスニュース（のちのCNBC）、ジュピター・プログラミングを中核に、株式会社共同通信社、日本ビデオニュースの四社の出資で九七年四月に「CNBCジャパン」が発足した。委託放送事業者の認定をうけ、この年の十月からパーフェクTV!（現・スカイパーフェクTV!）で放送を始めた。[10]

神保はCNBCの東京支局長として取材に走り回るとともに、CNBCジャパン取締役として会社の経営にもかかわった。しかし、一年目の契約数は目標の半分程度にとどまった。NBCの親会社は巨大複合企業のゼネラル・エレクトリック（GE）。短期間で実績を求める米国流の経営方針は一貫していた。当初は五年間の事業計画を立てていたが、親会社の姿勢は長い目で見守るというのとは程遠かった。二年目も契約数は目標の半分以下である十万件にも達しそうになかった。GEからの要求は強まる。撤退か、合併か。結局、CNBCジャパンは日経サテライトニュースと統合し、九九年十月から日経CNBCとして再スタートを切ることになった。

神保は株式を売却した資金をもとに、翌十一月、ニュースのインターネット放送局「ビデオニュース・ドットコム」を始めた。月五百円の有料コースと、誰でも視聴できる無料コースに分けた。〇五年三月にはニッポン放送買収問題で渦中にいたライブドア社長の堀江貴文を招いた一時間半のインタビューで注目を集めた。[11]〇五年当時、ドットコムの収入は年間で五千万円程度だった。神保は制作を若手にまかせて、インタビュアーとしての出演、経理の管理に専念している。自らは地上波テレビニュース番組の特集を制作して、日本ビデオニュースを資金面から支える。

神保は言う。「CSデジタルの世界でやってみて、多チャンネルで揉まれている米国の局は、低コストでも競争力のある番組制作のノウハウがあることがよくわかった。ニュース専門のCNNや議会中継専門のC‐SPANをはじめ魅力的なチャンネルを持ってもいる。ただ、CNBC時代は資本の論理が前面に出され、契約目標の数字に追われることには辟易した。CSデジタルに求めていたものとは違っていた」。ドットコムでは、送出にかかる費用が年間七千五百万円だったCSデジタルに比べ、二、三百万円とコストが格段に安い。参入障壁がさらに下がったと実感した。いまは、短期的な数字の増減を気にかけないようにしている。[12]

停波に追い込まれた国会TV

神保と同じようにCSデジタルからインターネットへと情報発信の場を移した人物がいる。「国会TV」を手がけたシー・ネット（本社・東京都千代田区）前社長の田中良紹《よしつぐ》だ。TBSで政治部記者や報道番組ディレクターをつとめた田中は九〇年、シー・ネットを設立し、非営利団体C‐SPANの日本総代理店となった。当時、日本での独占配給権をシー・ネットと争ったのは三菱商事とNHKだったという。

「国民に開かれた国会にし、政治に対する関心を高める」として設立の関心が高まった国会中継専門チャンネルは九〇年、衆議院議院運営委員会に「国会審議テレビ中継に関する小委員会」がつくられ、「ノーカット、無編集、無解説」を基本にその実現が模索されてきた。国営放送などの案が浮上しては消えた。結局、シー・ネットが九七年十一月に委託放送事業者に認定され、一九九八年一月に国会審議中継を専門とする「国会TV」を自ら始めた。しかし、パーフェクTV！では国会TVが加入者の誰もが視聴するベーシックサービスの対象とはならず、月額二百円の選択チャンネルだったため、受信契約数が伸び悩んだ。一方、パックの一チャンネルに選ばれたディレクTVでは契約者が約二十万人に達した。ところが、スカパーとディレクTVが二〇〇〇年に統合した影響で契約者は六万人に激減。この結果、衛星の中継器料金を払えなくなり、〇一年十二月、停波に追い込まれた。〇四年四月からはインターネットに映像を有料（月額九百円）で配信しているが、茨城、徳島県のCATV二局（計約三千世帯）と個人契約者百人ほどにとどまっている。

田中は「国会TVが国営になると、同じ時間帯に複数の委員会が開かれたとき、どちらかを優先して放送するといった編成はできない。誰も見ないような内容になるので、民間会社がやるべきだというのが国会の議論だった。ところが、ベーシックサービスとなっている米国のC-SPANとちがい、地上波と同じように視聴率を優先させる世界である日本のCSやCATVでは、残念ながら国会TVの存続は不可能だ」と振り返る。[13]

滞米経験が長い神保は、国会TVの挫折をこう分析する。「国会対策委員会や議会運営委員会が幅をきかす日本の国会は、米国の議会にくらべ活気のある論争に乏しく、政治プロセスとしてもおもしろくない。このため、シー・ネットは米国の議会を中継するC－SPANよりも、もともと厳しい立場にあった」。国会TVはチャンネルの存在意義を高く評価されながらも、多チャンネルのCSデジタルでさえ存続できなかった。

テレビショッピングは露出量がすべて

その一方で、CSデジタルで最も景気がいいといわれているのはテレビ通信販売のチャンネルだ。国内最大の売り上げを誇るジュピターショップチャンネル(本社・東京都中央区)は、一九九六年にジュピター・プログラミング(現・SCメディアコム)などが出資し設立されてから急成長を続けている。二〇〇六年度の売上高は前年比三一%増の九百九十七億円、経常利益も四三%伸びて二百九億円となった。テレビショッピング全体では年間で三千六百億円市場といわれるなか、〇六年五月末現在、CATVやCSデジタルのスカパー、ブロードバンドテレビ[14]などを合わせ、計二千百万世帯で視聴されている。配信しているのは三百四十九局。約千百万世帯では一～十二チャンネルの中に設定され、人気の高さを裏づける。

東京・茅場町近くにある本社のスタジオから二十四時間、生放送をしている。電話による注文を受けながら「品物は残りあとわずかです」と司会者が呼びかけるライブ感覚を売り物にしている。視聴者の八七%は女性。三十～五十代で七割を超す。売れ筋の商品は宝石、アパレル、化粧品。よ

ジュピターショップチャンネルのスタジオ風景。遠隔操作のためカメラは無人だ。

く売れるのは、午前九〜十一時、午後二〜四時、午後八〜十時と午前零時以降。この時間帯に目玉商品をすえる。

平均視聴率は一％の半分以下にすぎないという。メディア営業推進本部では「成長の原動力となっているのは、放送局のどこもがしのぎを削る視聴率ではない。重要なのは、CS、CATV、ブロードバンドと様々な伝送路で、とにかく露出すること。視聴可能世帯の総和が売り上げに直結する。ショップチャンネルにとっては、CSデジタルの一チャンネルは視聴者に到達するルートの一つにすぎない」と話す。放送局というより小売業の色彩が濃い。

総合編成でチャンネル数が少ない地上波テレビでは、テレビショッピング番組は限られた時間しか占めることができなかった。だが、多チャンネル時代には二十四時間くり返し使える専門チャンネルが新たなビジネスモデルを可能にしたといえる。さらに、CAT

Vからは、契約すれば一世帯あたりいくらといった収入を確保できる。契約するCATV局が増えれば、それに比例して売り上げが増す。

牽引役だった「アダルト」

〇七年七月現在、テレビで百八十七チャンネルあるスカパーのうち、分野別で最も多いのは、視聴時間で料金が変わるペイ・パー・ビューをのぞけば、十六チャンネルを数える成人向けの「アダルト」だ。十四チャンネルずつある公営競技と映画、十二チャンネルのスポーツ、十一チャンネルの音楽を上回る。アダルトチャンネルのこの数は、世界で日本が最も多いのでは、と指摘する業界関係者もいる。

実は、九六年十月にCSデジタルが始まったとき、アダルトは放送されなかった。アダルト番組の「レインボーチャンネル」を放送している日活(本社・東京都文京区)の取締役衛星メディア事業本部長、石橋健司によると、開始が遅れた理由は、多チャンネル化が一挙に実現することになったCSデジタルの放送を前に、放送法三条の二にある「公安及び善良な風俗を害しないこと」という解釈と「アダルト」をどう折り合いをつけるかが議論になっていたからだった。運転免許証などで年齢を確認して二十歳未満は契約できないようにし、家庭でも親がきめた暗証番号を入力しないと視聴できない「ペアレンタルロック」制度と録画できないようにする「コピーガード」を導入するとともに、自主審査団体の「CS放送成人番組倫理委員会」をつくることが固まり、九七年二月に三社（イーステーション、日活、プレイボーイ・チャンネル・ジャパン）が成人番組の委託放送事業者認定を受けた。

日活ではチャンネルNECO（邦画）、CINEMA‐R（一部映画）、レインボーチャンネル（アダルト）の三チャンネルをスカパーで放送している。ペイ・パー・ビューも加え二十五社、三十二チャンネルで構成されるCS成倫の理事長でもある石橋は「CSデジタルの有料チャンネルで人気があるのは映画、音楽、スポーツ、アニメ、ドラマだ。チャンネルNECOもパーフェクTV！ではすぐ黒字になった。最近はCSでのアダルト番組市場は減少傾向にあり、推定で年百五十億円程度といわれているが、年齢証明、ペアレンタルロック、コピーガードの措置を行っている。また、お茶の間に流すものであることから、CS成倫の審査基準はビデオパッケージよりも厳しくしている」と言っている。

九七年六月から始まった「アダルト番組」は、CSデジタルの普及にひと役買った。関係者によれば、九八年から二〇〇一年にかけて、成人向けのチャンネルが次々に生まれた。CSデジタルの加入者の一％弱はアダルト関連であり三十万人ほどいる、と見られている。ただ、インターネットの過激なサイトに流れる傾向があり、CSのアダルトは頭打ちという。また、CSでアダルトチャンネルと契約する場合、固定電話とチューナーの接続をすることが条件になっているため、携帯電話しか持たない若者の加入が少なくなっていて、加入者の中心は三十代後半から四十代にかけてだという。

アダルト番組に次いでチャンネルが多いのは、公営競技のギャンブルだ。全国二十四カ所の競艇場から中継する日本レジャーチャンネル（本社・東京都港区）は、スカパーの六チャンネル（月額計千二十九円）で放送している。全国モーターボート競走会連合会などが出資して設立され、九二年十二月に開局した。同チャンネルの年間の売上高は約五十億円、会員は〇七年六月末で十一万二千人いる。専務の前岡良徹は「競馬のグリーンチャンネルは会員が約三十万人、競輪のスピードチャンネルは会員が約十万人。レジャーチャンネルの会員がこれほど早く十万人に到達するとは思っていなかった」と話している。

公共性はどこへ？

アダルト番組について、立教大教授の服部孝章は放送前から次のように強い疑問を表明していた。

「ポルノチャンネルの開設を認定した郵政省の本音はどこにあるのだろうか。最も大きなものとして、衛星デジタル放送の普及対策にあるといえよう」「一九九六年十二月に発表された『多チャンネル時代における放送と視聴者に関する懇談会報告書』[15]では、多メディア・多チャンネル化状況の副作用として、低俗番組の増加などを懸念し、番組を規制、監督する苦情処理機関として第三者機関の設立の必要性を主張していた。しかし、現実にはこのようにポルノチャンネルを許可する郵政省の放送行政がある。（中略）郵政省としては、新しく立ち上がったデジタル衛星放送事業を早く普及させることでこれまでのような失敗を回避するため、こうした矛盾に満ちた政策を選択しているのではないだろうか[16]」

服部の懸念は、時がたつにつれて深まるばかりだ。九八年の時点で、アダルトやギャンブルのチャンネルのように、そもそも現行の放送法が規定する「放送」にはくくれない形態の放送類似サービスが次から次へと登場し、「善良な風俗を害しないこと」といった放送法三条の二と明らかに矛盾するサービスが「放送」として存在することになった、と指摘した[17]。そして、いま、「郵政省がBSとCSというメーンストリートを二つつくったという政策をとってしまった結果、CSでアダルトとギャンブルが普及の牽引車役となった。ショッピングチャンネルについても放送の公共性はどこにあるのかと感じる。アメリカのディスカバリーチャンネルのような中身の濃いコンテンツが、日本のCSにどれくらいあるか検証すべきだ」と提言する。

伸び悩むCS一一〇度放送

また、アダルトやギャンブルなどを排除する形で一一〇度CS放送[18]はプラット・ワンが二〇〇二年三月、スカパー(サービス名称・スカイパーフェクTV!2)が四月にそれぞれ始め、プラットホーム二社体制で立ち上がった。BSと同じ東経一一〇度にあるCS(JSATと宇宙通信の共用機)からの電波を受信するため、アンテナやチューナーがBS、CS共用機ならば一台ずつですむことを見込み、普及に期待がかかった。しかし、一一〇度CS用のチューナーが必要なことやチャンネル数の少なさが手伝って、認知度をはじめとした後発の不利を覆すことができず、伸び悩んだ。結局、プラット・ワンは〇四年三月、スカパーに吸収合併された。〇五年二月末のCS一一〇度放送の契約者は十九万千件にとどまっている。

総務省の情報通信政策局衛星放送課では、CSデジタル放送の位置づけについて、「無料放送の地上波とは異なる分野において、専門チャンネルという新しい選択を提示したことは有意義だった。CSはデジタル化でも地上波やBSに先駆けて実現し、放送の最先端にいるといっていい。CSは先進的な取り組みがなされている戦場だけに、これからも劇的な展開があり、一番変化していくメディアだろう。契約数はもっと伸びる可能性があるともいえる。今後は、地上波、BS、CS、ブロードバンド放送、CATVと、すべてを視野に入れた横断的な政策が検討されなくてはいけない。ただ、委託や役務の放送事業者の規模がまだ小さく、ドングリの背比べで目立ったところがない面はある。また、成人向け番組については、いわゆる青少年保護について行政も取り組みを強化したいが、まずは事業者の自主的取り組みや見識を期待したい」と述べていた。

広がらないチャンネル幅

CSデジタルの十六チャンネルに投資した番組供給事業統括会社ジュピターTVの執行役員、須田真司は、電通に入社したあと、音楽チャンネル「スペースシャワー」常務、映画チャンネル「衛星劇場」副社長を歴任した。CS放送に最も長くかかわってきた一人だ。

CSデジタルの変遷と今後の方向性について、「九六年に始まった当時、五年間で加入者が五百万人になると言われていた。しかし、現実はその規模に届かなかった。さらに、予想以上にチャンネル数が増えたため、過当競争になった。一チャンネルあたり三十億～五十億円の売り上げで毎年数億円の黒字を出しているが、ここ数年の利益は微増だ。より専門的なニッチの情報は、CSデジタルよりもネットが強く、新たなライバルも立ちはだかっている」と指摘する。

ハリウッド映画や海外テレビ番組の配給で知られる東北新社（本社・東京都港区）では、アナログ時代の一九八九年からCSをつかった番組供給にかかわってきた。いまは、グループ全体では「ファミリー劇場」「スーパーチャンネル」「ヒストリーチャンネル」「クラシカ・ジャパン」「プレイボーイチャンネル」「チャンネル・ルビー」「スター・チャンネル」など十チャンネルをCSデジタルで放送している。教養からお色気路線まで番組は幅広い。

東北新社の執行役員・戦略事業部部長、沖山貴良は「東北新社の場合、大半のチャンネルは黒字になっている。しかし、CSデジタル全体を見れば、ソフトの多様化をうたいながらも、ジャンルの幅が広いようで狭い。もうかりそうだとなるとドドッと押し寄せ、売れ筋のマーケットに事業者が集中する。ドラマならば、はやっているジャンルばかりに流れてしまう。アニメの場合、あるチャンネルで放送した作品が、しばらくしたら別のチャンネルで放送されることがある。どこを見ても同じといった印象を視聴者に与えかねない。CS放送局の側から、大きなウエーブをつくりきれていない。オリジナルのコンテンツを十分に提示できていないのではないか」と、辛口の評価を口にした。

たしかに、多チャンネルといっても、多様性より同じ分野内の「細分化」が目立つ。例えば、スカパーの邦画チャンネルは、日活の「チャンネルＮＥＣＯ」、松竹などの「衛星劇場」、Ｖシネマを集めた「Ｖ☆パラ」、東宝・角川映画・フジテレビ作品をそろえた「日本映画専門チャンネル」、その名の通りの「東映チャンネル」、任侠《にんきょう》・青春ものを中心とした「エキサイティング・グランプリ」と、映画会社ごとにチャンネルが分かれているといった状況だ。視聴者のニーズをくみ取ったチャンネル編成というのかもしれない。しかし、その一方で、国会ＴＶのように代わりがないチャンネルが姿を消していく。

リセット図るスカパー

スカパー前社長の重村一は「ＣＳデジタル放送はビジネスでもあるが、文化の一翼をになっている。ディスカバリーやディズニーのように自らのブランドを大切にするチャンネルが日本にどれくらいあるかを考えると心もとない気がする。無論、東欧やイランの作品といった日本未公開の秀作映画を並べる『シネフィル・イマジカ』のように、理念をもったうえで制作者が自らの目で選び、他人のまねではないものづくりをする意識のもとで放送されている例もある」と話す。

スカパーは転機を迎えている。二〇〇〇年九月、〇二年Ｗ杯サッカーのＣＳ放送独占権を獲得したあと加入者が順調に増え、〇三年九月期の中間決算で初の黒字を達成し、その後も経営は安定している。しかし、この五年ほどの加入者は微増だ。〇四年三月、東京証券取引所一部への東証マザーズから上場変更したさいの初値は十五万七千円だった。〇七年四月に八機の通信衛星を保有する「JSAT」と経営統合した持ち株会社「スカパーJSAT」の株価は、〇七年七月十日(終値)時点で五万二千百円と低迷している。

普及の「踊り場」から脱するため、〇五年四月二十日からは五千円程度したパラボラアンテナの標準取り付け工事の無料サービスを始めた。歌手松浦亜弥が登場するCMを流したところ、五月の新規個人登録は三万七千百七十二件と前年同月比二七%増と、予想以上の申し込みがあった。[19] 一カ月間の総登録者数(四万二十七件)は〇二年W杯に次ぐ水準という。六月からは一万五千円前後する受信用のアンテナ・チューナーを月額三百十五円でレンタル販売する企画も始めた。

このキャンペーン当時、重村は「自ら進んでアンテナを取り付ける先進層の視聴者はもう取り込んだ。これからの焦点は一般層だ。五十七チャンネルでスタートしたパーフェクTV！時代は百二十万～百三十万人の加入が損益分岐点だったのが、W杯放送権への投資やディレクTVとの統合などで、分岐点は三百万人に上がった。委託放送事業者の六割は黒字化したものの、収入が増えないと事業者は番組にお金をかけない。アンテナの取り付け無料とレンタル販売は、加入者促進で収入を増やし番組の質を上げるために導入した。スカパーのビジネスモデルのリセットだ」と言い切っていた。〇六年十月からは個室での視聴に対応するため一世帯二出力アンテナの提供を、〇七年七月からは「世帯限定二台目、三台目割引」サービスをそれぞれ始めた。〇七年度から五シーズンの「JリーグCS独占放送権」を取り、地域のマーケティングにも力を入れている加入者の拡大が、番組の質の向上と幅の広がりにつながるのか。あるいは、結局、地上波の視聴率競争のミニチュア版が衛星の世界で繰り広げられるだけなのか。その答えが出るのは、さほど遠い時期ではない。

【注】

（1）日本では放送衛星（ＢＳ）が通信衛星（ＣＳ）より先に普及するという海外とは異なる経緯をたどってきた。かつてＢＳはＣＳより中継器の出力が強く、より小さなパラボラアンテナで受信できたが、最近は違いがほとんどなくなっている。海外ではそもそもＢＳとＣＳを区別していない。

（2）ＷＯＷＯＷも、ＣＳ一一〇度衛星（ＪＳＡＴと宇宙通信の共用機）の有料四チャンネル（シネマ０８０、囲碁・将棋チャンネル、ＡｃｔＯｎＴＶ、ブルームバーグテレビジョン）について、プラットホーム会社のプラット・ワン（三菱商事や日本テレビが出資し二〇〇〇年十一月に設立）がスカパーと〇四年三月に合併したため、同年十二月からＢＳ（放送衛星）の顧客管理、課金を拡充させる形で始めた。〇五年四月末でのＣＳ－ＷＯＷＯＷとのパックなどの契約数は計五千百二十八件。

（3）日本デジタル放送サービス（サービス名称・パーフェクＴＶ！、伊藤忠商事、日商岩井、三井物産、住友商事などが出資して九四年十一月に設立、九六年十月に放送開始）とジェイ・スカイ・ビー（ニューズ・コーポレーション、ソフトバンクが出資して九六年十二月に設立、九八年四月に放送開始）が九八年五月に対等合併して誕生、二〇〇〇年六月に現在の社名に変更した。二〇〇〇年にディレクＴＶ（カルチュア・コンビニエンス・クラブ、ヒューズ・エレクトロニクス、松下電器産業、三菱商事などが出資して九五年九月に設立、九七年十二月から放送を始め二〇〇〇年九月に終了）も統合し、三つあったプラットホームが一社になった。スカパーの主な株主はソニー・放送メディアとフジテレビ、伊藤忠商事。委託放送事業者らの有料放送収入の約三割を手数料としてもらう代わりに、課金や番組プロモーションなどをする。

（4）九二年にCNN、スター・チャンネル、MTV、スポーツ・アイ、スペースシャワーTV、衛星劇場の六チャンネルがスタート。九三年に朝日ニュースター、GAORA、LET'sTRY、九四年にはスカイ・A、BBCワールドサービステレビジョンが加わった。

（5）毎日新聞一九九九年九月二十八日付朝刊、朝日新聞一九九九年十一月十七日付夕刊、『サテライトマガジン』一九九九年十二月号による。日本民間放送連盟編『民間放送50年史』（日本民間放送連盟）によ、九九年十二月末までに停波したCSテレビ局は約二十局、開局しないまま郵政省に放送認定を返上した局は十五局に及んだ。

（6）佐々木俊尚『ヒルズな人たち』（小学館、二〇〇五年）には、ベンチャーのブロードバンド映像配信会社が大手通信機器会社とともにビデオオンデマンドのサービスを近く開始するという記事が二〇〇一年、経済紙に掲載されると、そのベンチャー企業に出資を申し出る投資家からの電話が殺到したエピソードが紹介されている。

（7）一九九七年三月三日付の「映像新聞」によれば、九七年二月十六日現在の視聴契約世帯数は「旅チャンネル」八万、「MONDO21」八万五千、「地球の声」七万五千、「チャンネルWE」八万で、CATVでも約二十万世帯が視聴可能になっていた。また、『論座』一九九八年一月号では、副社長の谷浩志氏が「パーフェクの契約者のうち、四割、十五万くらいです」「まだまだみんな赤字です。契約世帯だけでカバーするなら、五十万世帯くらいにならないと」と述べている。

（8）日経産業新聞一九九九年一月二十八日付、朝日新聞一九九九年三月二十日付朝刊による。

（9）工藤英博「CSデジタル放送の問題と課題——制作の現場に一年間携わって」、郵政研究所編『@21@世紀放送の論点』、日刊工業新聞社、一九九八年。

（10）CATVとCSデジタル放送への番組供給事業統括会社として、住友商事と米リバティメディア・インターナショナルが合弁で九六年に設立。〇五年一月現在、映画の「ムービープラス」、ドキュメンタリーの「ディスカバリーチャンネル」、スポーツの「ＪＳＰＯＲＴＳ」など十六チャンネルに出資している。本社は東京都港区。

（11）堀江が述べる持論について、神保は「インターネットが主導権をもっていくというメディア論については百％賛成だが、調査報道不要というジャーナリズム論には百％反対」と話している。

（12）神保は野中章弘編『ジャーナリズムの条件4　ジャーナリズムの可能性』（岩波書店、二〇〇五年）の「ビデオジャーナリズムからインターネット放送へ」で次のように書いている。「ビデオニュース・ドットコムでは、広告収入に依存しない事業形態を構築して初めて、地上波放送にはできないことがいろいろできるようになるとの考えから、視聴者の一人一人に薄く広く負担をしていただく有料放送という形態を取っている。会員数は確実に伸び、ようやく損益分岐点を越えるところまでたどり着いてはいるが、とはいえ、地上波放送と競争するにはまだまだゼロがいくつも足りない」

（13）田中は著書『メディア裏支配』（講談社、二〇〇五年）で、一九九九年五月に郵政省放送行政局長に語ったという内容を次のように記している。「私は免許の申請の際に、衛星放送が視聴率の世界になるという前提では事業計画を書きませんでした。視聴率の世界ならば、これまでのＮＨＫの国会中継の視聴率を前提に事業計画を作らなければなりません。視聴率は一％か二％です。衛星の使用料だけで月に七百万円かかるので、全体で二千万円位の経費が必要です。月額二百円の料金だと十万人の加入者が必要になります。視聴率を二％とすればスカパーの全加入者が五百万人になって初めて実現できる数字です。今スカパーの加入者は百五十万人しかありません。五百万人になるには十年以上かかるでしょう。我々のようなチャンネルは視聴率の論理ではビジネスにはなりません。初めからそれがわかっていれば放送を始めませんでした。残念ですが日本にはＣ－ＳＰＡＮのようなテレビはできません。免許を返上したいと思います」

（14）インターネットを経由し、家庭のテレビで好みの番組を自由な時間に選んで視聴できる。インターネット接続機器のセットトップボックスをテレビにつなぎ、有料で配信を受ける。ソフトバンク系の「BBTV」やNTT系の「ぷららネットワークス」、KDDIの「光プラスTV」、スカパー系の「オプティキャスト」などのサービスがある。

(15) 一九九六年十二月に郵政省放送行政局長の私的研究会である「多チャンネル懇談会」が、「視聴者保護」の枠組み作りを求めた。チャンネルの増加による低俗化や編集責任の希薄化などの問題が提起された。TBSのオウム真理教ビデオテープ問題でテレビ局への不信が強まるなか、主婦連合会や日本PTA全国協議会などの委員が視聴者の苦情や権利侵害の訴えを受け付ける第三者機関設置を強く求めた。放送局側は「言論、表現の自由の介入になりかねない」と反対。最終報告書では両論併記となったが、NHKと民放連は九七年六月、「放送と人権等権利に関する委員会」(BRC)を自主的に設立した。

(16) 服部孝章「BS・CS放送の現状と課題」、『ジュリスト増刊　新世紀の展望1・変革期のメディア』、一九九七年六月。

(17) 桂敬一・服部孝章「デジタル多チャンネル時代の『放送』を問う対談」、『放送レポート』一九九八年三・四月号。

(18) プラット・ワンでは、プロ野球巨人戦を試合前の練習から完全中継するチャンネル「G+(ジータス)」(シーエス日本)などを売り物にしていた。CS一一〇度放送は現在、二つのサービスがある。一つは、〇二年四月から始まった「スカイパーフェクTV!110」(スカイパーフェクTV!2から〇四年三月に名称変更)。委託放送事業者はシー・ティ・ビー・エス、サテライト・サービス、アクティブ・スポーツ・ブロードキャスティング、シーエス・ワンテン、ハリウッドムービーズ、シーエス映画放送、シーエス九州、マルチチャンネルエンターテイメント、インタラクティーヴィ、シーエス・ナウ、阪急電鉄、日本ビーエス放送、日本メディアアーク、シーエス日本の十四社。もう一つは、〇四年三月開始の「WOWOWプラス」で、委託放送事業者はCS-WOWOW、メガポート放送、イーピー放送の三社。両方でハイビジョン放送が七社十三番組、標準テレビ放送が十七社八十三番組、データ放送が二社二番組認定されている。また、最近では、地上波デジタル、BSデジタル、CSデジタルの三波共用のプラズマテレビや液晶テレビが売り出されている。

(19) 〇五年五月末現在のスカパーの個人契約数は三百二十五万三千六百五十件(前月比二万七百四十一件増)、これに有料契約前の無料視聴期間中の仮契約、法人契約、技術開発用登録などを加えた総登録者数は三百八十八万四百十七件(同二万五千九百九十二件増)。

5 高音質だけでは普及しない衛星ラジオ

二〇〇六年の年明け、ＢＳ（放送衛星）デジタル放送局・ビーエス朝日のホームページを開くと、片隅に「ＲＡＤＩＯの終了について」という項目が載っていた。クリックすると、「２００５年９月３０日をもってラジオ放送は終了しました。長い間ありがとうございました」と、二行だけのお知らせが書かれていた。

二〇〇〇年十二月のＢＳデジタル放送開始に合わせて民放ＢＳ各局は、売り物だったハイビジョンの高画質映像やデータ放送とともに、ラジオ放送にも乗りだした。しかし、スタートから五年足らずで、このラジオ部門が相次ぎ廃止されている。まず〇四年十一月に、ミュージックバード（エフエム東京系）が終了した。〇五年九月末に、ＢＳ日本（日本テレビ系）、ビーエス・アイ（ＴＢＳ系）、ビーエス朝日（テレビ朝日系）、ビー・エス・ジャパン（テレビ東京系）とＷＯＷＯＷの五局が廃止に踏み切った。

同年十一月末にはジェイエフエヌ衛星放送（ジャパンエフエムネットワーク系）も終了した。さらに、〇六年三月末で、ビーエスフジ（フジテレビ系）とビー・エス・コミュニケーションズ（日経ラジオ社、旧日本短波放送系）も打ち切られた。この結果、BS衛星ラジオで残るのは、ワールド・インディペンデント・ネットワークス・ジャパン（略称・WINJ）だけとなったが、〇六年十一月から放送を休止している。注目を集めた開始時と打って変わって、ひっそりとした退場劇が次々と繰り広げられている。[1]

セント・ギガの「破綻」

放送衛星をつかうラジオ局の先駆は、音楽制作会社などが出資して一九九〇年四月に設立された「衛星デジタル音楽放送」だった。日本衛星放送から映像帯域外にある音声多重チャンネルの一部を借り受け、高音質のPCM音声放送で一九九一年三月から放送を始めた。[2][3]局名は「セント・ギガ」だった。赤道上空三万六千キロにあり、ギガ（十億）ヘルツの電波帯をつかうことから名づけられた。編成方針として、CMやニュース、DJを排除した究極のノンストップミュージックをめざした。日の出から翌日の日の出までを一つの番組枠と考え、音楽や自然音を潮の干満や月の満ち欠けに合わせて流すというユニークな番組設計を打ち出し、[4]放送開始半年後の九月からスクランブル放送を導入、受信を有料化した（月額六百円）。

初代社長は尾崎豊らを売り出した音楽プロダクションのマザー・エンタープライズを率いる福田信《まこと》。社長を一九九八年三月まで務めた福田は、開局時に出版された本に、「当面の目標は、加入者、六十万世帯であり、二～三年間で獲得していければと考えている……最終的には、日本の四千万世帯の一〇％を取ることができれば大成功である」[5]と記した。

しかし、セント・ギガを聴くためには、専用デコーダー（三万三千円）を買うか、WOWOWに加入金（二万七千円）を払って共用のデコーダーを備えることが必要だった。開局一年後、九二年八月の契約件数は三万八千件。計画していた二十一万件を大きく下回り、累積赤字は九二年度上半期までに五十三億八千万円に達した。

人員削減やCM導入などの打開策を講じたが、経営は好転しなかった。九三年一月には任天堂の傘下に入り、九五年四月からは衛星データ放送をつかい任天堂のゲームソフトを配信する事業を展開する。九五年度には売上高約二十五億円、経常利益三億八千万円と単年度収支は初の黒字となったものの、経営不振を覆すまでには至らなかった。任天堂は九九年には支援を打ち切り、出資していた十五億円を減資、資本関係を解消した[6]。

衛星デジタル音楽放送は二〇〇一年七月、民事再生法による再生手続きを東京地裁に申し立てた。加入者はこの段階でも約四万六千件にとどまっていた。負債総額は約十一億円に達していた。

BS放送局の「破綻」は初めてのことだ。地上波では、イトマン事件の被告の会社の借金に絡んで社屋や放送機材を担保に取られた近畿放送（KBS京都、現・京都放送）の労働組合が一九九四年九月、京都地裁に会社更生法を申請し、同年十一月に近畿放送が放送局として初めて同法の適用を受け（九五年十月には更生計画案が京都地裁で認可された）ことがあるが、本業の不振による行き詰まりは放送局として例がなかった。

〇二年六月に衛星デジタル音楽放送は情報通信企業「ワイヤービー」の子会社になったあと、〇三年三月、ワイヤービーに吸収合併された。ところが、ワイヤービーも同年十月に破産、事業は現在の経営主体であるＷＩＮＪに営業譲渡された。

〇五年九月から〇六年七月までＷＩＮＪの放送事業部長を務めた兼古勝史は、セント・ギガで六年間、契約スタッフとして自然の音をテーマにした番組作りにかかわっていた。屋久島の森の音を放送した。やりがいがあったし、内容の質にも自信があった。放送免許をもらったのだから間違いないと、大船に乗った気分だった。だが、今日では「放送バブルの時代だった」と当時を振り返る。CSテレビの委託放送事業者がマンションの一室で発信しているケースもある。それなのに、セント・ギガの初期には社員が七十人もいた。加入者が思い描いたように伸びなかったのは、聴取者からみて利用のしやすさに欠けていたのではないか。テレビをつかっても映像はなく、音声だけのサービスに聴取料まで払ってもらうのは、ことのほか難しかった。

兼古は、CSテレビ局やケーブルテレビ番組配信の仕事に移ったあと、ラジオの世界に戻ってきた。ＷＩＮＪでは、東京やロンドン、ニューヨーク、ロサンゼルス、パリという都市に根ざした大人向けの音楽を柱に据えている。聴取料は月額三千円。期待したほど契約は増えず、苦戦は続く。

ＷＩＮＪは新たな活路として映像部門への進出をめざしている〇五年九月には、ＢＳデジタルのハイビジョン放送参入に名乗りをあげた。四十七都道府県の地方局やケーブルテレビからの全国情報を発信する「TV47～日本再発見～」というチャンネル案をまとめたが、電波監理審議会の認定を得ることはできなかった。(7) 〇六年十一月から放送を休止した末、〇七年九月には総務省から「施設、設備面から再開のめどが立たない」として、委託放送事業者の認定取り消しを電波監理審議会に諮問される初の事態となった。

一社になったPCM音声放送

BSラジオから撤退したミュージックバードは、一九八六年に日本衛星音楽ネットワーク企画として発足、八九年六月に社名をミュージックバードに変更した。委託放送事業者に移行、九二年八月にCS（アナログ）をつかったPCM音声放送として開局した。

CSの衛星ラジオ局は、他に九二年六月にスタートしたPCMジャパン（日本テレビ系）とPCMジパングコミュニケーションズ（TBS、角川書店系）、同年八月開始のサテライトミュージック（徳間書店系）とニッポンミュージックコングレス（日本ヘラルド映画系）、同年九月開局のPCMセントラル（中部日本放送系）の五社が一九九二年六～九月に放送を開始、一時は六社で計十八チャンネルを持っていた。

CDを上回る最高音質といわれるPCMのBモードをつかい、クラシックやロック、ポップス、カントリーと音楽の分野ごとにチャンネルを設定し、それぞれのファンをとらえようという狙いだった。全国をカバーできる衛星波に魅力を感じた地方局や出版社などが積極的に出資した。

しかし、ＣＳの衛星ラジオも振るわなかった。利用者はアンテナやチューナーなどの専用受信機器に二十万円、さらにチャンネルあたりの聴取料として月額六百～八百円を負担しなくてはならない。この費用の高さが、普及の壁となった。九二年十二月に三社が有料放送を開始したが、九三年二月時点で契約者数は合計しても約二千件にとどまっていた(8)。そして、ＰＣＭジャパンとＰＣＭセントラルは同年七月には早々と廃業を届け出た。放送事業者の撤退は前例がないことだった。

九四年十月にはＰＣＭジパングコミュニケーションズとニッポンミュージックコングレスが合併、「ジパング・アンド・スカイコミュニケーションズ」になった。九五年七月には、ミュージックバードとサテライトミュージックが合併してできた新「ミュージックバード」になった。そして九六年十月には新ミュージックバードがジパング・アンド・スカイコミュニケーションズを吸収合併し、ついに一社に統合された。

団塊の世代に期待

ミュージックバードの筆頭株主であるエフエム東京は一九七〇年の開局、ＦＭ放送の老舗である。ＦＭ放送の世界では、八〇年代中盤から九三年までに、バイリンガル放送を打ち出した横浜エフエム(神奈川、八五年)、「レストーク、モアミュージック」を前面にすえたエフエムジャパン(現・J-WAVE、東京、八八年)、「ファンキー」をキーワードにしたＦＭ８０２(大阪、八九年)など十二の独立系ＦＭ局が相次いで開局した。

ミュージックバードの番組「リンボウ先生の歌の翼に」で朗読の収録をする林望さん

この多局化の波に、エフエム東京はトークの質を向上と二十代に焦点をあてた路線で対抗する一方、FM以上に特化したPCM音声放送に高い関心を寄せた。

　こうした経緯で誕生したミュージックバードは、クラシック、世界のヒット曲、クラブミュージックをそれぞれ柱とした三チャンネルで始めた。他社の撤退と合併によって唯一のCSラジオ局となった九六年当時は十七チャンネルの放送をしていたが、現在は十チャンネルに絞り込んでいる。クラシック、ジャズ、Jポップの順に人気がある。レンタル方式を中心に、いま契約件数は総計約十六万件。月額聴取料は二千百円。経営は黒字になったり赤字になったりで、安定したとは言い切れない。累積赤字がまだ約二十三億円ある。

　しかし、最近は団塊の世代からの反響に手応えを感じている。六〇～七〇年代のロック音楽などに強い反応がある。同社顧問の本間一紀は「団塊の世代は定年が間近になってきて、自宅にいる時間が長くなっているのではないか。もう一度音楽を聴いてみようという動きが五十代を中心に出てきた。〇二、三年ごろから、こうした音楽ファンに刺さってきた」と話す。

単に音楽を流すだけではなく、新しい試みもしている。

〇五年四月からは、ホテルや銀行といった法人向けなどのサービス「スペースディーバ」(同三千百五十円、個人向け百チャンネル)を始めた。デジタル圧縮を利用し、百五十六チャンネル以上を設けている。ただし、CSを利用した音楽専門デジタル放送としては、スカイパーフェクTV!で百チャンネルをそろえる第一興商の「スターデジオ」(同千五百七十五円)や、音楽だけで三百チャンネル以上あるUSENの「サウンドプラネット」(約四百チャンネルで六千三百円)と、先行するライバルは少なくない。

同年五月からは、土曜の夜に、エッセイストの林望がクラシック音楽をバックに文学作品を朗読する一時間番組を始めた。夏目漱石の短編を収録した「リンボウ先生の夢十夜」はCDつきの本として出版されることになった。

ネットに抜かれた広告費

エフエム東京は、新規メディアへの挑戦を繰り返してきた。一九九四年十月には、「見えるラジオ」の愛称をつけてFM文字多重の本放送を始めた。FMの電波のすき間をつかって音声や文字、データなどを送り、受信機の液晶画面に、流れる音楽の曲名やニュースを表示する仕組みだ。〇三年十二月にはＦＭ放送を聞ける「ＦＭケータイ」をＫＤＤＩと共同で開発、発売した。これはヒット商品になった。こうした挑戦は、八九年から〇五年まで社長をつとめた会長の後藤亘の方針によるところが大きかった。後藤を継いで社長になった冨木田《ふきた》道臣は、常務と専務時代の九七年から五年間、ミュージックバード社長を兼務していた。

冨木田は、「ＦＭの先発局として、メディアそのものをどうするかを考える遺伝子が会社にある。ＰＣＭ放送については、衛星時代が来るだろうということでカードを張ったわけだ。見えるラジオは国内仕様のため、受信機が二万円から下がらなかったが、考えていたのはその後に携帯電話で普及したｉモードのサービスイメージで間違っていなかった。新しいビジネスにつながっており、カーナビの位置情報システムにも生かされている。最近ではデジタルラジオ用の機器のチップ開発に、エフエム東京が投資した」と力説する。エフエム東京はラジオ局としていち早く、〇五年八月には、アップルコンピュータのｉＰｏｄなど携帯音楽プレーヤーにパソコンを通じて番組配信する「ポッドキャスティング[9]」に情報番組などの提供を始めた。

〇四年のラジオ広告費は前年比〇・七％減の千七百九十五億円にとどまり、五三％増となったインターネットのサイト上に掲載された広告費千八百十四億円に逆転されたことが〇五年二月、電通の国内広告費調査で明らかになり、ラジオ業界に衝撃が走った。

しかし、冨木田は「ラジオはネットに抜かれたと大騒ぎされたが、〇〇年からの推移を見れば、最も落ち込みが大きい媒体はラジオではなく新聞だ。メディア業界全体の再編が進んでいるということだ」と話す。たしかに、広告費総額が過去最高だった〇〇年を一〇〇とすると、〇四年はテレビ九八・三、雑誌九〇・九、ラジオ八六・七、新聞八四・六となる（ただし、九九年を一〇〇とした場合の数字は、新聞九一・五、ラジオ八七・九）。冨木田は「広告費全体がこの四年間で二千五百億円減っているのに、ネットは千二百億円しか増えていないことに注目すべきだ。ラジオがネットと連動した展開にしていかないといけない」と危機感を隠さない。

ラジオの聴取時間の変化からも、厳しさは見て取れる。五年ごとに行なわれているNHKの国民生活時間調査には「マスメディア接触」の項目がある。平日一日あたりのラジオ聴取時間は、一九七〇年の二十八分が八〇年には三十九分に伸びた。深夜放送が若年層の人気を集めていた。ところが、その後、聴取時間は減少に向かう。八五年から九〇年にかけて、若年から中年の幅広い年層でラジオ離れの傾向が見られた。九〇年は二十六分に減り、〇〇年に二十一分、〇五年は二十三分と推移している。〇五年の調査で最もラジオを長く聴く層は六十代となっていた。九〇年からNHKラジオ第一放送で始まった「ラジオ深夜便」は、高齢者の支持を集めている。[10]

ワンセグのインパクト

衛星デジタルラジオ放送はそもそも、VHF帯の電波を使っているテレビ地上波が、デジタル化によってUHF帯への移行を終える二〇一一年から、その跡地のVHF帯で開始することになっていた。そのためのモニター向けの実用化試験放送は〇三年十月から東京と大阪で始まってはいたが、受信機が発売されていないため、一般の聴取者はゼロであり、注目度はきわめて低かった。

ところが、〇六年四月から携帯電話で地上デジタルテレビの映像を受信できる「ワンセグ放送」がスタートすることになって、ラジオが強みを発揮していた移動中のメディア接触が様変わりする可能性が浮上した。

ラジオ業界は〇五年に、デジタルラジオを五年前倒しして「〇六年開局」とすることを打ち出した。〇五年七月十九日にまとめられた総務省「デジタル時代のラジオ放送の将来像に関する懇談会」(座長＝林敏彦放送大学教授)の報告書は、海外のデジタルラジオの成功例としてチャンネル数が三倍に増えた英国に言及したうえで、日本について「全国でひとつの実施主体(マルチプレックス)がまず〇六年に東京と大阪で始め、〇八年までに札幌、仙台、静岡・浜松、名古屋、広島、福岡に拡大、一一年には全国に広げる。[11] FM以上の高音質と多チャンネル化、画像を含めたデータ放送を可能なサービスにする」という方針を掲げている。エフエム東京社長の冨木田は「携帯電話での受信はもちろんのこと、ボールペン型の小さな移動体端末も出てきているに違いない。そうなれば、アナログのFM放送を返上して、デジタルに切り替えるぐらいの覚悟はある」と言い切った。

エフエム東京、TBSラジオ&コミュニケーションズ、文化放送、ニッポン放送、J-WAVEの東京民放ラジオ五社は同月二十六日、デジタルラジオの共同事業会社を設立、現行テレビの七チャンネルを中心に使って放送する方針を明らかにした。設立当初の資本金は百億円。出資比率は、エフエム東京が筆頭の二四％、TBSラジオ&コミュニケーションズと文化放送、ニッポン放送が各一〇％、Ｊ‐ＷＡＶＥが一％。残る四五％は、ほかのラジオ局や携帯電話会社、自動車会社、受信機メーカーの出資を見込んでいた。三カ月後の十月には事業会社「マルチプレックスジャパン」の発起人会が開かれ、エフエム東京会長の後藤が代表に就任した。デジタル化によって空く民放テレビのＶＨＦ帯を使う計画だったが、「割り当てられる周波数帯が不確実になった」と、〇六年九月、マルチプレックスジャパンを事業会社として設立されることは見送られた。デジタルラジオは白紙に戻り、早くても免許がおりるのは二〇一一年の見込みだ。

難航するデジタルラジオ

ＡＭ放送局のＴＢＳラジオは一九九四年、角川書店などと組んでＣＳラジオ局ジパングを設立した。伝送経路を増やすことで全体の底上げにつなげるという発想だったが、開局から二年足らずで保有株を譲渡し、ＰＣＭ音声放送から早々と撤退した。

ＴＢＳは、二〇〇〇年四月にラジオ部門を分社化した。同時にニュース・情報路線を鮮明にしたＴＢＳラジオくち、同年八月には首都圏の聴取率調査（隔月実施）で首位だったニッポン放送を抜き、それ以降、聴取率トップの座にある。

ＴＢＳラジオ＆コミュニケーションズ会長の清水洋二は「ニュース・情報路線によって、人口の多い団塊の世代の獲得に成功した。ただ、ラジオ総体としては、インターネットで外国のラジオをＢＧＭ代わりに聞く人が増えるなど、環境は厳しい。デジタルラジオは十〜十二の専門チャンネルができると思うが、移動、携帯受信を中心に考えないと市場は見えてこない。AMラジオとしては地域密着、災害時の公共性、パーソナルコミュニケーションの三本柱は今後も守っていく」と話す。とはいえ、TBSラジオの売上高はピークだった九〇年度の約二百二十億円が〇六年度は約百五十億円に縮小している。分社化したときに百二十五人いた社員は百人を切った。同業他社との競争に勝てばよし、という時代ではなくなっている。

ラジオの下降局面を迎えて、突破口としての期待を集めるデジタルラジオ放送だが、肝心の受信機の開発が遅れている。二〇〇五年中に発表したのは、大阪市に本社を置くパソコン関連機器会社のピクセラ一社だけだった。普及の牽引役として最も期待される携帯電話への内蔵や自動車への搭載は決まっていない。

エフエム東京常務だった園城《その き》博康＝現・監査役＝が〇二年ごろ、ピクセラに依頼したのがきっかけだった。ラジオ受信機の製造経験がないピクセラに話が持ち込まれたことからも、既存のラジオを生産してきた電機メーカーの消極ぶりがうかがえる。ピクセラが〇五年十二月に発表したモバイル受信機は、デジタルラジオとワンセグ、FMラジオの三波に対応するもので、一一・一七インチの液晶画面を搭載、〇六年五月に五万円前後での発売を予定していた。しかし、デジタルラジオ本放送の開始時期と周波数帯が不透明になったため、一般販売を中止した。

〇三年十月から東京と大阪で実用化試験放送を始めた社団法人・デジタルラジオ推進協会は、デジタルラジオ放送局の開局について当初の目標だった〇六年春を〇六年秋へと繰り延べた末、九月にまた先延ばしした。〇七年六月、総務省の情報通信審議会が出した一部答申によって、二〇一一年にテレビが地上デジタルに移行して生まれる空き周波数帯にデジタルラジオなどが割り当てられる見通しなった。

移動メディア環境の変容

携帯電話の普及で、歩行中や電車内での「メディア」環境は一変した。ただ、移動中に受信が可能な機器であれば、普及が順調にすすむというものではない。

二〇〇四年十月からサービスを始めた衛星デジタル音声放送事業会社のモバイル放送[12]は、移動体を主な対象として、BSの二十倍近いという出力を誇る専用衛星によって、CNNやMTVなど映像八チャンネル、音楽を中心とした音声四十チャンネル、五十タイトルのデータ放送を手がけている。受信機は手のひらに載る大きさでパラボラアンテナも不要。映像七チャンネルと音声四十チャンネルでそれぞれ月額視聴料は千三百八十円。デジタルラジオの前倒しへ刺激を受けたと関係者が話す存在だったが、放送開始後一年間の契約目標として掲げた十万件にはまだ達していない。

モバイル放送では「端末の出遅れやサービスの認知の低さが響いた。しかし、〇六年四月に発売されたモバイル放送の音声を受信できる携帯電話は期待はずれに終わったが、契約の九割方を占める自動車の装着が好調」と話している。

爆発的なヒット商品となったアップルのｉＰｏｄは、ラジオ局にとって気になる存在だ。米国では·iPodに接続できる専用コードをつけた自動車が増えている。この傾向が日本でも広がれば、ラジオを浸食することになる。携帯電話と結びつけば……という懸念も広がっている。

二〇〇一年に発売されたiPodの日本のライバルは、欧米にはないミニディスク（MD）だった。〇四年秋にはアップルコンピュータが国内で「Good bye MD」というコピーの広告を出している。アップルジャパン広報部長の竹林賢《たかし》は「通学・通勤中の利用が圧倒的で、iPodが広まった理由の一つは、手軽に最大一万五千曲も持ち出せ、これまでの音楽のたのしみ方を変えたこと」

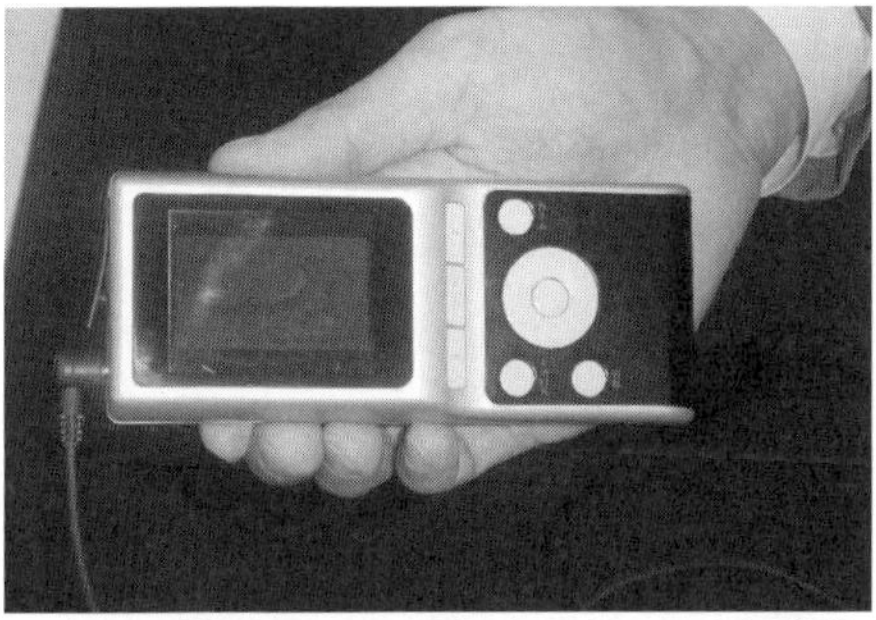

ピクセラが市販用として開発したデジタルラジオ受信機。ワンセグ放送の画像も見ることができた。

移動しながら映像と音声を受信できるモバイル放送端末

と言う。〇七年六月、米アップルはｉＰｏｄつきの携帯電話「ｉＰｈｏｎｅ」を発売したが、「いまのところ、日本向けの仕様については何も聞いていない」。ワンセグ放送などとの競合についても「情報がない」と特別には意識していない風情だ。

エフエムジャパン、エフエム京都、エフエム名古屋と三つのＦＭ開局に、編成課長や編成部長として立ち会ったラジオ制作会社フォレスト専務の常行《つねゆき》邦夫のスタートは、ＡＭ局の文化放送だった。いま、外の世界からラジオをどう見ているのか。

「家庭での固定受信を想定したＢＳやＣＳの衛星ラジオは厳しかった。ラジオ全般についても、音声メディアである強みがあるはずなのに、技術の進展に合わせて、映像やデータ放送といった競争相手の多い土俵に踏み込んでしまって、逆に優位性を失ってしまっている。エフエム名古屋の編成局長のとき、普及してきた携帯電話を敵にするのではなく、ラジオはおもちゃになってもいいからとコラボレートさせたところ、十代のリスナーが増えたことがある。その一方で、携帯電話にダウンロードされた曲は圧縮され、ゆがんだ音が当たり前に受け止められるというような問題も生じてきている。四大広告媒体から外れてしまったところから、ビジネスサイズと生き残るポジションを探さないといけないが、こうしたところにも活路を見いだせるのではないか」

ＢＳラジオの不振について、総務省衛星放送課は「ラジオや映像と連動していないデータ放送は、思ったほどニーズがなかった。ラジオ部門の廃止であいた帯域は、ハイビジョン放送に活用していく。ＢＳデジタルの売り物であるハイビジョン放送の情報量が増え、より鮮明な画像になる」と話している。

【注】

（1）双方向性が注目されたデータ放送では二〇〇四年十一月にメディアサーブ（主要株主＝東芝）、〇五年九月末にメガポート放送（同毎日新聞社、同年十月一日に日本ビーエス放送と合併）と日本データ放送（同読売新聞東京本社、〇六年二月一日に清算）、〇五年十一月末に日本メディアーク（同時事通信社、同）がそれぞれ廃止。〇六年三月末にはデジタル・キャスト・インターナショナル（同テレビ朝日）が終了。一般向けで続けるのは日本ビーエス放送（同ビックカメラ）、ダブリュエックス二十四（同ウェザーニューズ）とＷＩＮＪ（同ストアコンソーシアムジャパン）となる。ただし、日本ビーエス放送は〇五年十二月に参入が認められたＢＳデジタルのハイビジョン放送（アナログのＮＨＫハイビジョン放送が終了した空き周波数帯を使用）を〇七年十二月からスタートする代わりに、データ放送からは退くことになっている。

（2）多重放送は、テレビやＦＭ放送の電波のすき間をつかい、音声や文字、画像などの情報を同時に送信する放送形態。実用化はテレビ音声多重が日本テレビが一九七八年に、テレビ文字多重はＮＨＫなどが八三年に、ＦＭ音声多重はエフエム東京が八八年にそれぞれ初めて実施した。セント・ギガの場合、日本衛星放送（九〇年十一月からサービス放送、九一年四月から有料放送）で映像の帯域以外にある音声チャンネルの一部を貸与され、独立して放送する制度が実現した。

（3）**Pulse Code Modulation** の略。アナログ信号をデジタル信号に変換する方式で、ＣＤをしのぐ音質が売り物だった。

（4）横井宏『夢の潮流――Ｓｔ.ＧＩＧＡ編成総論』、講談社第一出版センター、一九九一年。

（5）「セント・ギガ、そのメディア戦略と哲学」、浅田彰監修・ＢＭＣ〈放送音楽文化振興会〉イメージ・プロセッシング研究会編『ハイ・イメージ・ストラテジー――メディアの未来とイメージの未来』、福武書店、一九九一年、所収。

（6）日本経済新聞、一九九九年六月十九日付朝刊。

（7）申請した四社のうち、電波監理審議会から二〇〇五年十二月に認定されたのは日本ビーエス放送、スター・チャンネル、ワールド・ハイビジョン・チャンネル（三井物産系）の三社。

（8）日本民間放送連盟編『民間放送50年史』、日本民間放送連盟、二〇〇一年。

（9）「iPod」と「ブロードキャスティング（放送）」を組み合わせた造語。iPodに対してインターネット経由で音声ファイルのコンテンツを提供する仕組みで、「声のブログ」とも形容される。携帯音楽プレーヤーをパソコンに接続し、登録した番組を取り込むことで、移動中にも楽しめる。二〇〇三年に米国でブームになり、日本では〇五年八月四日に始まったアップルコンピュータがネット経由の音楽配信サービス「iTunes・ミュージック・ストア」が対応したことで一気に広まった。音楽配信を広めるきっかけになったのは、〇四年十一月にKDDIが携帯電話向けに始めた「着うたフル」。配信する音楽はいずれも有料。

（10）NHK放送文化研究所編『日本人の生活時間・2000』、日本放送出版協会、二〇〇二年。なお、八〇年から〇〇年にかけて他のマスメディア接触時間（平日）は、テレビが三時間十七五分→三時間二十五分、新聞が二十一分→二十三分、雑誌・マンガ・本は十五分→十六分と推移した。

（11）二〇一一年以降のデジタルラジオのあり方については、今後の普及状況を見て決めることにしている。

（12）一九九八年に設立された衛星デジタル音声放送事業会社で、移動体を主な対象とする。筆頭株主は東芝。日本のモバイル放送と、TUメディアによる韓国向けのサービス（携帯電話向けへの映像と音声）をねらいとして、〇四年三月、韓国の携帯電話会社・SKテレコムとの共同所有によってモバイル放送用衛星MBSATが打ち上げられた。サービス名はモバHO！。米国では百チャンネル規模の衛星ラジオとして〇一年十一月に事業が始まった。

固定電話の安定性とＩＰ網の経済性をあわせもつＮＧＮ（次世代基盤ネットワーク）の実証実験で、ＮＴＴグループと博報堂などが配信するビデオ・オン・デマンドのハイビジョン映像（2007年１月、東京・大手町のＮＯＴＥで）

第2部

ニューメディアの蹉跌とインターネットの台頭

1 ニューメディアの蹉跌

ＩＮＳとキャプテン

「ＩＮＳ」と聞いて、何を意味するかわかる人はいまやごく一握りにちがいない。正式には「Information Network System」。高度情報通信システムと訳され、二一世紀の通信網をになうと目されていた。日本電信電話公社（現・日本電信電話＝ＮＴＴ）が世界に先駆け二年半かけて実施したＩＮＳの実験が東京都三鷹市を中心に始まった一九八四年九月二十八日、この和製英語が「ニューメディアの幕開け」の象徴として、新聞各紙の夕刊一面の見出しに大きくうたわれた。

「いったい、何を、するのか」の略語とも揶揄《やゆ》されたＩＮＳは、一本の通信回線に電話やファクス、データ通信、映像など様々なサービスをデジタル方式で提供するシステムだった。

「ＩＮＳ構想を提唱者自身が書き下ろした話題の書」と帯に刻まれた八三年刊行の『テレコム革

命』の著者は、時の電電公社副総裁・北原安定だった。テレコム社会での生活の姿をこう描いた。

「――二〇〇〇年代の某月某日。

大手出版社に勤める編集者A氏は、もう一週間も出版社に出勤していない。編集の仕事は、自宅に置いてあるテレビ型宅内装置のブラウン管に、順次コンピュータから通信回線をへて映される原稿を見ながら、見出しをつけたり、誤字の訂正や写真やカットをどのくらいの大きさにするかなど、宅内装置から出版社のコンピュータに、命令を打ち込む。数年前までは、原稿を執筆者から受け取ると、出版社の編集室で深夜まで原稿の整理やゲラ刷の校正に徹夜をしたものである。が、編集会議も、いまや自宅にいたままである。テレビ電話で編集長や同僚と、出版計画について論じ合う。大阪や九州に出張中の同僚も、出張先からテレビ電話で参加するから、いつも全員揃っての会議となる。

近くに住む都市銀行のタイピストB子さんも、Aさんのようにほとんど通勤はしない。毎日、部屋の片隅にあるファクス受信で、銀行からタイプ原稿が送られてくる。それを見ながら隣のワードプロセッサー(文書作成編集機)のキャラクタ・キーをたたく。小学校教員のご主人を送り出したあと、子供の世話をしながら自宅で普段着のままタイピストの仕事が続けられる。保育所に子供を託することなく、家事と両立するようになった。夕方になった。茶の間にあるテレビ受像機に、キャプテンシステムから、料理情報を呼び出す。夕食の料理情報を呼び出したBさんは、冷蔵庫をのぞいて不足の料理材料を、キャプテンを通じ近くのスーパーに注文した。一昨夜は、生後間もない子供が夜中に発熱した。近くの病院の当直医をテレビ電話で呼び出し、体温、脈搏など診断に必要なデータを医師のところに送る。その結果、とりあえず入院の必要はなく、翌朝、病院にくればよいとのこと[1]……」

「近未来小説」が描くバラ色の生活

一九八〇年には、通商産業省（現・経済産業省）の産業構造審議会情報産業部会の中間答申で、エネルギー関係の中央官庁に勤める三十八歳の男性課長補佐を主人公にした「S家の一日　1990年5月21日」というストーリーが付属資料として発表された。通産省電子政策課長補佐が書き、話題を呼んだというSF調の一文はこんな調子だ。

「朝食時、S氏は、新聞を読む。仕事上の興味もあり、購読している一般紙だけの報道では物足りないので、エネルギー関係の専門紙を、映像情報システムを使って呼び出すことにする。コード番号は暗記しているので、端末のボタンを押すと、2〜3秒でTVに見出しが飛び出してくる。

5〜6年前から〝光ファイバー〟の利用が本格化し、2年前から電電公社の〝ISDN（統合デジタル・サービス網）〟と呼ばれる電話、データ、ファクシミリ、TV電話などの情報をデジタル化して光ファイバーで送るサービスが開始されている。S氏の住むニュータウンではISDNが利用できるようになった。S氏はついでに〝TV電話〟も入れてもらうことにした。

出勤後、11時からの会議のために〝テレビ会議室〟に行く。正面に大きなスクリーンがあり、そのまわりに8個のTVが並び、それと向き合った形で、こちら側の会議参加者が座るようになっている[2]」

「S家の一日」について、電子政策課長だった岡松壮三郎＝現・経済産業研究所理事長＝は「九〇年当時で約三割、現在では九割方実現したのではないか。ただ音声認識技術は難しく、取り上げた議事録自動作成装置はできていない。情報化社会をわかりやすく示す前例のない試みの反響は大きかった」と述べた。

ひっそり廃止されたサービス

電電公社が立てていた計画では、①八六年から八七年にかけて県庁所在地クラスの都市でＩＮＳサービスを実施、②九五年ごろに全国主要都市間のデジタル化を実現、電話用とファクシミリなど非電話系の通信回線の統合を達成、③二〇〇〇年ごろに映像用回線網もＩＮＳに統合する、という手順になっていた。

「Ｓ家の一日」の記述どおり一九八八年にデジタルのＩＳＤＮ（Integrated Services Digital Network＝総合デジタル通信網）サービスは始まった半面、テレビ電話は家庭に定着はしていない。編集者のＡさんやタイピストのＢ子さん、課長補佐のＳ氏のような生活が一般的にはならなかった。また、情報検索のキャプテンシステムは、現実にはもう使えない。一九八四年に商用化されたあと利用者が伸びず、二〇〇二年にサービスがひっそりと廃止された。

ＩＮＳの構想は、北原が一九七九年にスイスのジュネーブで開かれたテレコム79で発表した。基となる考えは、七八年に京都で開かれた国際コンピュータ通信会議で打ち出されていた。北原から「原稿を作ってくれ」と頼まれたのが技術局次長の桑原守二＝現・ＢＨＮテレコム支援協議会理事長＝だった。技術局調査役の立川敬二＝現・宇宙航空開発機構理事長＝と作業を進めていたとき、考案したのがＩＮＳという言葉だった。桑原は「情報通信システムという訳ではインパクトがないので、『高度』をつけることにした」と、舞台裏を明かした。

申し込みを受けてから電話をすぐに設置する「積滞解消」を七八年、すぐかかるようにする「全国自動ダイヤル化」を七九年にと、二十年以上にわたった二大目標を達成した電電公社が、次のビジョンとして掲げたのがＩＮＳだった。民営化と電気通信の自由化を翌八五年春に控え、ＩＮＳ実験が始まったとき、三鷹電報電話局長だった沖見勝也は「電話だけでは行く行くは先細りしかねないという懸念があった」と話す。

「ニューメディアの本命」

一日十分程度しか使われていない電話をもっと利用してもらうには、どうすればいいか。一方通行ではない双方向の「キャプテンシステム（文字図形情報ネットワークシステム）」、音声だけではなく視覚も使った通信としての「テレビ電話」、高機能で高速、鮮明な「デジタルファクス」、音声と手書き文字・図形の同時伝送ができる「スケッチホン」、発信者番号や料金の表示をできる「デジタル電話」……。「アナログからデジタルへ」が旗印だった。

ＩＮＳは、ネットワークをデジタル化してあらゆるサービスを提供するＩＳＤＮの日本版とする位置づけが多かった。銅線を使い家庭に引っ張っている電話回線を、最終的には動画を含め高速大容量通信が可能な光ファイバーにする、という青写真が描かれた。

「ニューメディアの本命」と見られていたのはキャプテンだった。英国で誕生し国際的には「ビデオテックス」と呼ばれていたのを、日本独自の技術方式を設定し「キャプテン」と名づけたのは、電電公社とともに開発をになった郵政省（現・総務省）だった。

文字だけでなく図形も電話回線を通して専用端末機に送信できるキャプテンが売り物としたのは「双方向性」である。鉄道切符・航空券の空き状況チェックと座席予約、自宅にいながらの買い物や代金支払い、銀行口座の残高照会など、当時としては画期的だったサービスを実現させるのでは、と関心を集めた。

新たな通信政策に意欲をみせていた郵政省通信政策課長の富田徹郎＝現・エフシージー総研顧問＝は「マス情報はテレビ電波に、個別情報は電話回線にのることになるだろう」と、ビデオテックスに注目していた。七八年、試作機を発表するとともに、課員の案をもとに、キャプテン（Character And Pattern Telephone Access Information Network）と命名した。

一九七〇年代に端末機の開発を終えたあと、システムのモニターのモニター実験を繰り返し、INS実験開始から二カ月後の八四年十一月三十日、電電公社が首都圏と京阪神地区で、通信料を全国均一の三分三十円による実用サービスがスタートした。商用化の初日、朝日新聞と日本経済新聞の夕刊は一面で、自社が提供する情報の目次一覧表とともに伝えた。読売新聞は社説で「『キャプテン』で新時代が来る」とうたった。[3]富田は専門誌のインタビューで「十年以内には五百万台の普及があるとみています」と語った。[4]

空前規模の実験

ＩＮＳ実験の場所として三鷹、武蔵野地域が選ばれたのは、やはり実験地域となった霞が関、丸の内と光ファイバーで結ぶ必要に加え、ＩＮＳの開発を中心に手がけた電電公社の武蔵野電気通信研究所が近くに存在していたことが大きかった。市域の三分の二が実験エリアとなった三鷹は、住宅だけでなく企業の事務所・工場、店舗なども混在した点が買われ、商業地・吉祥寺をふくむ武蔵野市の一部とともに実験地として選ばれた。ＪＲ中央線の南側にある、市外局番〇四二二のうち四三～四九局の六万五千世帯、十六万人という空前の規模のニューメディア実験が展開されることになった。二年半にわたり約二百億円の費用をかけたと言われたが、研究費の算出法によってはさらに大幅に上回る投入額だったという。

ＩＮＳは通信手段のみならず、企業と消費者のかかわりを変えるのでは、とも期待された。消費行動を根本から変える可能性があると考えた企業は「バスに乗り遅れるな」と、銀行やデパート、食品会社などの企業が実験への参加を相次いで申し込み、予想を大幅に上回る三百二十二社がＩＮＳモデルサービスの情報提供者として参入した。それにとどまらず、モニターとして社員を実験対象地域に住まわせて、さまざまなノウハウを得ようとした。結局、電電公社が三百人公募したモニターに二千五百六十八人の応募が集まる人気で、原則一年だった任期を半年ずつにして千九百九十人が参加することになった。そして、八四年九月、実験が始まった。電電公社や三鷹市役所には視察団が殺到した。

社長の厳しい総括

この実験について、NTT内部の公式文書では、「モニタからは、INS特有のネットワーク機能、通信処理機能が高く評価され、特にディジタルファクシミリの高速性、ディジタルキャプテンの鮮明な画質に対して好評を得ている」と賛辞が並ぶ。[5]

ところが、NTT社長の真藤恒は一九八七年三月末の実験終了を目前に控えた記者会見で、「技術屋の頭で計画したが、技術屋が考えたものでは世の中がとびつかないことがはっきりと示した」「この経験で商売とは何かという最も重要なことを担当者が身をもって知っただけでも実験の効果は十分あった」と、辛辣ともいえる厳しい評価を下した。[6] マスコミの評価も尻すぼみだった。日本経済新聞は社説で「竜頭蛇尾に終わったINS実験」という見出しをつけ、「一般利用者は『役立つ』実感を得られず、合格点にはとても達しないだろう」と結論づけた。[7]

実験直前まで電電公社の営業局長だった信澤健夫＝現・BHNテレコム支援協議会会長＝も「電電公社の基準が日本の基準であるべきだ、という天動説で動いていたところがあった。INSについては技術部門主導で、技術的にやりやすいもの、技術的に可能なものという発想で計画され、民間のニーズをどう吸い上げるかに関心があった真藤さんは副総裁に任せて自ら積極的に仕切ろうという感じではなかった」と振り返る。

一九九九年に発売され大ヒットした携帯電話の情報配信サービス「ｉモード」のコンテンツの企画を手がけた松永真理＝現・バンダイ取締役＝は、当時、次のように語っていた。

「これはｉモードの経験ですが、ＮＴＴはテクノロジー志向の企業です。だから技術的にできることはなにかということから進めてきたわけです。ところが八〇年代にニューメディアとして『キャプテン』を出したときに失敗しています。その原因がなんなのか？　私たちはｉモードを始めるときに徹底して検証しました。結局わかったのは技術的可能性が先行してしまい、『何を目指すものか』ということが見えてこなかったということです(8)」

伸び悩んで閉幕したキャプテン

見解は分かれる中で、ＮＴＴ電気通信研究所が実験終了から半年後の八七年十月にまとめた「所外秘」の『ＩＮＳモデルシステム実験総合報告(総論)』の「むすび」ではこう総括した。「長期間に亘るモデルシステム実験を通じて、技術面では64ｋｂ／ｓ(キロビット)ディジタルシステム及び広帯域システム実現上の基本技術を確認した。また、利用面では技術先行形のシステムやサービス等が、必ずしも世の中に受け入れられるものではないことが明らかになった」

ＩＮＳ実験の成果として一九八八年四月、世界に先駆けた家庭向けＩＳＤＮサービス「ＩＮＳネット64」が始まった。従来と同じ電話線をそのまま利用してデジタル伝送し、電話とパソコンといったように二回線引くよりは安くして売り出した。翌八九年には光ファイバーを使う企業向けの容量が大きい「INSネット1500」が始まった。九五年ごろからのインターネットブームに乗り、低迷していたISDNが注目を集め出した。

ところが、従来の回線の空いた高い周波数を使い電話はアナログのままインターネットに安く接続できることを売り物にしたソフトバンクBBなどのADSL（非対称デジタル加入者線）が急激に普及。「INS」の名が唯一残ったサービスであるISDNの契約数は、二〇〇一年度末の千三十三万回線をピークに減少に転じた。新しい技術とはいえなかったものの、米国や韓国で普及し注目を集めたADSLは、二〇〇三年度末で千百二十万回線と、ISDNの八百六十三万回線を逆転した。[9][10]

NTT常務時代にINSネット64を世に出した桑原は、「ISDNの実用化」において工業化に成功した功績で九〇年、第四十二回毎日工学技術賞を受けた。いま、桑原は淡々と言う。「NTTは全国あまねく公平に提供するユニバーサルサービスと、通信の安定性を目指してきた。しかし、必ず保証する『ギャランティー型』のISDNではなく、最善の努力はするが保証はしないという『ベストエフォート型』のADSLが選ばれたということ。ISDNはいずれなくなるでしょう」。光ファイバーの前段階での普及を期待されていたISDNは大きくつまずいた。[11]

キャプテンシステムも期待はずれに終わった。一九八四年の商用化スタートのとき、端末機が二十万円以上したこともあり、加入者は伸び悩んだ。開始三年後の利用契約者は四万四千世帯にとどまり、見る人が少ないから情報にお金をかけない、という悪循環からも抜け出せなかった。その後、七万円台、四万円台にと端末機の価格を引き下げられたが、競馬情報や株式市況といった特定分野以外には利用者が広がらなかった。インターネットの登場が決定打となり、一九八八年には七百二十一社を数えたIP（情報提供者）が九七年には百二十八社に激減、NTT分社後に引き継いでいたNTTコミュニケーションズは二〇〇二年三月にネットワークをうち切りサービスを廃止した。十七年五カ月の寿命だった。[12]

構想倒れに終わった「テレポート」

構想倒れに終わったニューメディア対応型の都市開発として「テレポート」がある。

二十一世紀初頭の完成に向け、東京都が計画を進めている情報化未来都市「臨海部副都心」の愛称が二十九日、「東京テレポートタウン」と決まった、と朝日新聞が報じたのは一九八八年七月三十日だった。約七千通の応募作があり、六つの最終候補から、当時の東京都知事鈴木俊一が選んだのだった。「テレポート」は八〇年代半ば、都市の「情報化」と「国際化」の象徴として脚光を集めた。大阪市や横浜市なども同じ構想を打ち上げていた。しかし、実際に登場したときには「斬新なアイデア」が「時代遅れの新システム」となっていた。東京テレポートタウンの愛称も九年足らずで消えた。テレポートの当初のもくろみが外れ、大阪市は事業から撤退、東京都の第三セクターは巨額の赤字を増やしつづけている。

通信衛星をつかい情報の拠点に

テレポートは、通信衛星を介して電波をパラボラアンテナを備えた地球局で送受信し、世界各国と大量の情報をやり取りする拠点と定義された。地球局の周囲に建てるインテリジェントビルに通信事業者や情報処理会社を集め、早く低コストで情報を供給するのをねらいとした。モデルとなったのは、八二年に計画が決まり八三年から着工されたアメリカのニューヨーク・スタテン島のテレポートだった。ほかの電波との干渉を防ぐために高い壁が必要といわれたこともあり、直径十メートル規模のパラボラアンテナをたくさん並べられる広い敷地をとれる埋め立て地が最適という謳い文句だった。

日本での一番乗りを競っていたのは、東京都、大阪市、横浜市。いずれも埋め立て地の活用策を検討する最中だった。

国内で先行していたのは大阪市だった。八一年に実施した「二十一世紀国際社会における大阪港長期ビジョンに関する調査」で、テレポートの概念にいち早く注目していた。[13] 黒衣役として、日本に最も早くテレポート構想を持ち込んだと見られるのは、野村総合研究所で都市や港湾の計画などを手がけていた木村東一＝現・NRIネットワークコミュニケーションズ社長＝だった。野村総研のニューヨーク駐在員からスタテン島の計画が書かれた英文のパンフレットを入手したのがきっかけだった。大阪港の開発戦略調査にかかわっていた木村は、大阪市から「コンテナと住宅以外の埋め立て地活用策はないか」と求められていた。そこで、オフィスを誘致できビジネス拠点の可能性をもつテレポートを提案し、大阪市制百周年記念事業として八三年に発表された大阪南港・北港地区（七百七十五ヘクタール）での「テクノポート大阪」計画の中核として位置づけられたのだった。

横浜市は、八三年から着工した「みなとみらい21」（百八十六ヘクタール）にテレポートを導入しようと考えていた。「二十一世紀の情報都市を実現する」をキャッチフレーズに、現在の赤レンガ倉庫近くでの設置を想定していた。アンテナサイトを併設し、大量の通信を処理する交換局やCATV、国際テレビ会議室、スタジオなどを収容する高層ビル「コミュニケーションセンター」の建設を青写真に描いていた。しかし、ニューヨークの会議の翌年四月、世界テレポート連合の創立総会を兼ねた第二回世界テレポート会議の開催地に決まったのは東京だった。

あいまいなキーワード

テレポート構想で必ず出てきたキーワードは「情報化」と「国際化」だった。だが、自治体のテレポート構想の説明に必ず登場する「情報化」[14]の意味は終始あいまいだった。

都庁内に設けられた「二十一世紀高度情報化社会研究会」は八五年五月にまとめた報告で、テレポートが必要とされる背景として、①国際間の遠距離通信需要の増大にともないコスト低減の要請が強まってきたこと、②各企業で情報処理部門の設置が必要だが既成市街地内でその施設のスペースの確保が難しいこと、をあげた。[15]

他方、大型ビルを手がけるゼネコンにとって、さまざまなネットワークを兼ね備えた付加価値の高いテレポートやインテリジェントビルは新しい市場に映っていた。清水建設に勤めていたとき、単行本『テレポート』を出版した長谷川文雄＝現・JR東日本フロンティアサービス研究所所長＝は「当時、大規模な生産工場の建設では生産機械の搬入業者がイニシアチブをとり、ゼネコンは雨露をしのぐ上屋だけでいいといったケースが増えていた。ゼネコンにとっては利益率が落ち危機感が出ていたときだけに、インテリジェントビルのブームに注目した」と振り返る。

東京都テレポート構想検討委員会（委員長＝渡辺文夫東京海上火災保険会長）は八六年八月にまとめた中間報告で、国際化、情報化、経済のソフト化の流れは東京に新たな都市活動の器の整備と都市構造の再編を要請している、と「東京テレポート」建設の必要性を強調した。

また、大阪市の「テクノポート大阪」懇話会（座長＝米谷栄二京都大名誉教授）が八五年二月に発表した『「テクノポート大阪」計画の基本構想』では、中核のひとつである情報・通信機能の基盤整備として、「国と国の交信というレベルから、都市と都市が直接交信する段階への移行に対応し、通信技術の急速な発展を見通して、通信衛星、光ファイバ等を活用した国際的・国内的通信拠点としてのテレポートの建設」を掲げた。関西復権への願いが込められた計画でもあった。

規模が急拡大した計画

都市計画を手がける都庁職員にとって、臨海副都心はかねてからの懸案を解決する絶好の舞台だった。新宿、渋谷、池袋などに続く都内の七番目の副都心をつくることで、オフィスの「丸の内一極集中」を是正できるかもしれない。住宅を大量に供給することで、急上昇した地価を安定させることができるのではないか――。

八七年六月に「臨海部副都心開発基本構想」が発表された。臨海副都心の開発面積が四百四十ヘクタールと、テレポート構想検討委員会が打ち出したときの四倍以上にも拡張された。就業人口が十一万五千人、居住人口は四万四千人と具体的な数字が盛り込まれ、都市機能の配置が明記された。八八年三月には、居住人口を六万人に増やした「臨海部副都心開発基本計画」が策定された。

一九九四年開始をめざしてテレポートを運営する都の第三セクターの「東京テレポートセンター」は八九年四月につくられた。パリの凱旋門に似たデザインで屋上にパラボラアンテナを十基置けるテレコムセンタービルの建設とフロアの賃貸もになった。

構想段階から先行していた大阪市は八五年十月、関西電力とともに二五％ずつ出資して「大阪メディアポート」を設立、テレポートを八八年六月にいち早く完成させた。テクノポート大阪計画の中心地・南港のコスモスクエア地区にある三万平方メートルの敷地に十一基のパラボラアンテナを収容できる構えをとった。

時代に乗りきれなかった構想

テレポート構想を練った関係者の見込みどおり、国際間の通信は伸びていった。パソコンの普及とインターネットの登場で九〇年代半ばからはさらに加速した。ところが、一九八八年十二月三十一日に光ファイバーで九千七十キロに及ぶ日米間の海底を結ぶ第三太平洋横断ケーブルが接続され八九年から使われはじめたことで、事態は大きく変わった。これまでの同軸ケーブルに比べ四倍以上、電話回線で三千七百八十回線に相当する容量となった。[16] その後、さらに束の太い光ファイバーの海底ケーブルが相次いで結ばれた。

通信機器を手がけるNECによると、九〇年代初めには、海底ケーブルの両端につける光波長多重装置が開発され、送信できる情報量が格段に増え、通信コストは大幅に下がった。通信会社間の値下げ競争によって、地上の通信回線料も引き下げられた。デジタル化によって通信衛星のチャンネル数がアナログ時代より増えたとはいえ、光ファイバー通信の劇的な値下がりに追いつくことはできなかった。この十五年ほどで、光ファイバーで送れる容量は一万倍以上になったといわれ、海外でも都市間のテレポートは普及しなかった、といわれる。

日本初の民間通信衛星が打ち上げられ「衛星元年」と呼ばれた八九年、すでに通信衛星をつかったテレポート構想は存亡の危機がしのびよっていたのだった。

また、九二年に臨海副都心開発に疑問を投げかける著書[17]を出した建築学者の早稲田大教授尾島俊雄は、「テレポート構想は時代に乗り切れなかった」と、こう総括する。「巨大さを競うスーパーコンピューターの時代からダウンサイジングしたコンピューターの時代に変わったのが九〇年初頭にはわかっていた。情報を一極集中させるのではなく、インターネットのように分散させるのが世界的な流れとなっていった。かつては非常に高価だったコンピューターが安く小さくなったため、都心の一等地に置く必要はなくなった」

九八年にロンドンで開かれた世界テレポート会議第十四回総会の報告書に、横浜市はみなとみらい21のテレポート計画について、撤退宣言ともいえる文言を記した。「テレポート計画は計画策定から十年以上が経過し、その間、規制緩和の進展、目覚ましい技術革新など、情報通信を取り巻く環境は劇的に変化している。そのため、これまでの計画内容は、これからの時代にそぐわなくなってきており、衛星通信地球局を中心とした考え方を見直し、マルチメディア社会に対応したものとすべく検討を進めている[18]」

横浜市は翌九九年、加盟していた世界テレポート連合に休会届を出した。

完全撤退した大阪市

一方、一番手だった大阪市では、期待していたようにテレポートの需要が伸びなかった。一九九一年から通信衛星系会社が利用したことがあったが、九八年に打ち切られた。テレポートの機能をいかして大阪市が情報通信企業を誘致できた例はなく、当初もくろんでいた「全世界と直接交信できる情報通信の拠点[19]」という計画は、画に描いた餅に終わった。大阪市港湾局企画振興部では「いまやテレポートはいっぱいある情報回線のツールのひとつにすぎない」と冷ややかだ。

そして、テレポート事業を運営してきた大阪メディアポートは二〇〇三年十二月、個人向けの光ファイバー事業を中心に展開する関西電力の子会社ケイ・オプティコムに吸収合併された。大阪市は保有していた大阪メディアポートの株式二五％を六十億円で売却し、テレポート事業から完全に撤退した。

ケイ・オプティコムも、光ファイバー網の整備やアンテナの小型化が進みテレポート事業の需要が見込めないことから、二〇〇六年六月にそのサービスを終えた。当初は光ファイバーネットワークのコストも高く、テレポートの近くにオフィスがあった方が通信料は格安になるとうたわれた利点も失われたためだった。

赤字を続ける東京

いま、国内の自治体が関与するテレポートが存在するのは東京だけだ。東京都が五二％の株式をもつ東京テレポートセンターは、二〇〇三年度決算で十二億円の経常損失を出した。累積赤字は二百三十六億円に達し、〇三年度末時点で債務超過に陥っている。会社設立から赤字が続くのは、支払い利息と減価償却費が大きいという。テレポートに対応し、重い大型コンピューターが入っても大丈夫な床にしたり、震災時の液状化対策として地下数十メートルにあるという岩盤に達するまでの基礎工事をしたりして多額の費用がかかったことも響いている。

東京テレポートセンター総務課によると、テレコムセンタービル屋上に置かれているパラボラアンテナは、九六年のスタート時と変わらない六基。小笠原諸島向けの地上波テレビ放送に利用している東京都などが設置している。有明地区にある地上のアンテナサイトにはスカイパーフェクTVの二基が置かれている。ただ、目玉事業だったはずのテレポートからの収入は、アンテナの場所の賃貸によるもので、全社の一％に満たない。テレポートは会社名に残っているものの、実態は貸しビル業といえる。

テレポート構想の中核にあった国際間通信は、日本テレコムが映像伝送に使っている程度だ。キーワードの「国際化」は看板倒れに終わった。結局、多くの受信者へ同時に伝えられる通信衛星同報性の機能が活用されているだけで、もっぱら国内テレビの送信の利用にとどまっている。

九八年には臨海副都心開発に関連するいずれも赤字に悩んでいた東京テレポートセンター、東京臨海副都心建設、竹芝地域開発の三社が事業統合され、合理化による人件費削減をする一方、東京都による地代の減額や無利子貸し付け、増資に計二百七十億円が投入された。しかし、債務超過に陥っていた三社は二〇〇六年五月、東京地裁に民事再生法の適用を申請。〇七年四月には、三社は合併して東京テレポートセンターだけが存続している。

臨海副都心の街づくりを担当する東京都港湾局臨海開発部では、「テレポートについて総括的な評価はしていないが、街の成熟で一定の機能は果たしてきた」と言っている。

鈴木の後任として知事になった青島幸男は九五年の就任直後、翌九六年に開催を予定していた世界都市博の中止を決断。臨海副都心の開発計画を見直し、基本計画（八八年）の六～七割規模にあたる、二〇一五年に就業人口七万人、居住人口四万二千人という新たな「まちづくり推進計画」を九七年三月に決めた。臨海副都心の愛称が「東京テレポートタウン」から「レインボータウン」に変わったのは、この二カ月前だった。しかし、この新しい愛称も定着しなかった。

野村総研時代にいち早くテレポートに目をつけた木村は、その将来性について淡々と語った。「八〇年代から九〇年代にかけて通信の世界で変換期を迎え、テレポートの優位性が覆された。ただ、光ファイバーがつながっていない発展途上国のジャングルや砂漠なら有効だし、災害時のバックアップ用の通信としてなら貴重だ。棲み分けを考えるしかない。パラボラアンテナがあるかどうかは単なる象徴にすぎなかったといえる。テレポートの先導的な役割は終わった」

縦割りがひどかった省庁の「地域情報化政策」

一九八〇年代半ば以降に中央省庁が取り組んだ「地域情報化」の主だった施策をざっと並べただけで、十指に余る。郵政省(現・総務省)のテレトピア構想、ハイビジョン・シティ構想、通商産業省(現・経済産業省)のニューメディア・コミュニティ構想、ハイビジョン・コミュニティ構想、建設省(現・国土交通省)のインテリジェント・シティ構想、農林水産省のグリーントピア構想、自治省(現・総務省)のコミュニティ・ネットワーク構想、ハイビジョン・ミュージアム構想……。

所管する省庁はちがっても、目的は変わらない。「地域の情報格差の是正」や「地域の活性化と振興」であり、「高度情報化への対応」への取り組みだ。交付税や無利子融資といった支援を売り物に、モデル都市を指定する手法も似たりよったり。バブル経済の時代を反映してか、霞が関ではやりっていた横文字言葉を組み合わせ、未来社会の雰囲気を醸しだそうという発想も共通していた。似た構想が省庁ごとになぜ乱立したのか。だれもが反対しにくいお題目が並ぶ政策は、その目的を達成したのだろうか。高速道路やダムのように巨額で目立ちやすい公共工事ではないが、地域情報化の政策にはムダはなかったのか、二十年間の足跡を追ってみよう。

複数省庁から重複指定された都市

地域情報化については「一定地域内に情報通信ネットワークを構築し、それを通じて地域内の情報流通を活発化させ、地域の情報発信能力を増大させることにより地域振興を図ろうとするもの[20]」という定義がある。省庁が競って打ち出した地域情報化の主な支援策は、地方自治体に対する補助金、特別交付税のほか、第三セクターや民間企業に対する無利子・低利の融資が中心だ。地方自治体が名乗りをあげれば、さしたる競争もなく指定されるのがふつうだった。中には、複数の省庁の構想に重複して指定された自治体も少なくなかった。

静岡市は三つの地域情報化施策の重複指定都市となった。一九八四年度に郵政省の「テレトピア構想」に選ばれたほか、八八年度に清水市(現・静岡市)と共同で郵政省の「ハイビジョン・シティ構想」の広域指定をうけ、九二年度には通産省の「ハイビジョン・コミュニティ構想」に名を連ねた。ふたつの構想は、いずれも豊富な情報量を売り物としたハイビジョンを地方自治体が積極的に導入するモデル都市をもうけて、地域を活性化させることを狙いとした。

テレトピア構想では、図書館や生涯学習の情報ネットワークシステム、デジタル防災行政無線システム、都市型CATV、コミュニティーFM放送など十二のシステムや事業が実施された。[21] 二〇〇三年に静岡市と清水市が合併したことから、システムの統合などの見直しをして新テレトピア計画に取り組むことになった。

ハイビジョン・シティ構想は第一次の指定だった。静岡市は二百人規模の視聴覚センターに二百インチのハイビジョンを導入した。清水市は九二年、市中央図書館(現・静岡市清水中央図書館)の百人ほどが入る視聴覚ライブラリーに百十インチのハイビジョンを設けた。静止画のハイビジョンミュージアムや昆虫の生態といった自然もののレーザーディスクを見せたほか、九四年のリレハンメル冬季五輪のハイビジョン放送を流したこともある。

旧清水市の当時の担当者は「ハイビジョンのレーザーディスクが一枚で百万円近くもした。ハイビジョンもデジタルに変わり、アナログの新しいソフトの供給はなくなり、部品にことかく機器もだましだまし使っている。いまや家庭のデジタルテレビで受信できる時代になり、かつての街頭テレビのような役割は終わった。導入費用の元が取れたかどうかの判断は難しい」と話した。

ハイビジョン・コミュニティ構想では、鮮明な映像を前面に打ち出すハイビジョンの普及策として、静岡競輪場でレースの模様を映す画面として使えないか、という案が検討された。しかし予算化されず、競輪場では一般的といわれる大型映像装置「オーロラビジョン」が九八年に七億七千五百万円かけて設けられた。その後、具体的な動きはないままだ。

全国の二割がモデル都市

地域情報化の先鞭を切った「テレトピア構想」が初めて指定はされたのは一九八五年三月。テレトピアは、テレコミュニケーション(電気通信)とユートピア(理想郷)を合わせた造語である。希望した百三地域のなかから二十カ所が決まった。国が直接、事業主体になるのではなく、自治体が中心となって第三セクターや民間会社をつくり、都市型CATVや光ファイバー網などの情報基盤を整備するモデル事業を実施するという仕組みだ。モデル都市での計画をすすめる第三セクターには、施設整備費用の二五～五〇%を日本政策投資銀行から無利子融資や優遇税制をうけられるといった支援を得られる。

総務省情報通信政策局地域通信振興課は「国は押しつけるわけではなく、あくまでお手伝い。先進的な試みをする自治体に広告塔役となってもらい、周囲に『うちもやってみよう』という気にするのがテレトピア構想。規制行政から振興行政へという制度創設当時の流れに位置づけられる」と言う。

第一次指定は五倍の競争率をかぞえたが、最近では「地方の創意工夫を生かしながら計画にもとづいて総合的に取り組む」という条件を満たせば良い。〇五年一月現在で指定されているのは二百十七地域、全国自治体の二割ちかい五百三十市区町村に達した。五年ごとに計画の見直しを求めているものの、指定されれば取り消されることはまずない。こうしてモデル地域は増える一方だったが、〇五年六月の高知県土佐市を最後に途絶えている。

三省庁の熾烈な争い

テレトピア構想と同じ八四年度にはじまった通産省のニューメディア・コミュニティ構想は、「高度情報社会のモデル都市づくり」という政策目標が重なることから、当初から競合が懸念されていた。これまでに二十一のモデル地域と七十三の応用発展地域が指定された。八七〜八九年度の指定は多かったが、九七年度を最後に増えていない。地域の情報化の底上げをねらいに、情報システムやネットワーク化の構築をすすめることを主眼とした。事業額の七〇％を限度とした日本政策投資銀行などからの低利融資などの特典があった。

経産省商務情報政策局情報政策課は「地元の抱えている課題を解決するためニーズに則したシステムが必要なことがある。先進的な自治体では、ある事業はテレトピア、別の事業はニューメディア・コミュニティといった使い分けをしていた面はあったと思う」と話している。

さらに追いかけてきたのは自治省だった。九〇年度にスタートさせたコミュニティ・ネットワーク構想は、先導的な地方自治体の地域情報通信システムを全国に普及させるのが目的。①公共施設案内・予約システム、②図書館情報ネットワークシステム、③地域カードシステム、を対象とした。全国共通のシステムを構築できれば、開発費が安く済むというもくろみだった。九八年度までに計三十六の県と市、町が指定をうけた。事業費を特別交付税で支援した。

次世代テレビとして当時注目されていたハイビジョンを切り口とした地域情報化では、三省庁が名乗りをあげた。郵政省のハイビジョン・シティ構想と、通産省のハイビジョン・コミュニティ構想、自治省のハイビジョン・ミュージアム構想だ。

ハイビジョン・シティ構想は、ハイビジョンの導入で活気と潤いにみちた都市づくりを実現させようとして、八八年度に十三地域が初めてモデル都市に指定された。九六年度までに計四十地域が選ばれたが、九七年度末で財政投融資などの優遇措置はおわった。

この構想の必要性について、郵政省の懇談会ではこう記した。「一九八〇年代に入って高度映像メディア『ハイビジョン』が実用化の時期を迎え、つくば科学万博をはじめ様々な機会に展示公開が行われた結果、ハイビジョンが都市に導入された場合、豊かな社会の実現に大きな効果を発揮するものと期待されている。第四次全国総合開発計画でも、多極分散型国土を形成するために各都市がそれぞれの地域の特性を生かし発展することが重要であり、それを推進する際にはハイビジョンの導入など情報通信基盤の整備が重要であると位置づけている」[22]

また、ハイビジョン・コミュニティ構想は、博物館や公共施設、教育文化施設への導入をとおして、豊かな魅力ある地域社会をめざすという施策だった。日本開発銀行からの特別融資や、財団法人ハイビジョン普及支援センターによるソフト制作の支援などが得られるモデル都市は、八九～九八年度に五十三地域が指定された。

もうひとつのハイビジョン・ミュージアム構想は「住民サービス向上」をかかげ、八〇年代後半から増えた公立美術館・博物館で世界の名画を見られるシステムとして考え出された。本物の絵画ではなく、再現性の高いハイビジョンによって鑑賞しようという趣旨だった。八九年に岐阜県美術館で初めて導入され、九九年度までに計二百五施設に普及した。ハコモノ行政の時流に合った地域情報化策だったといえる。総務省自治行政局地域情報政策室課は「美術館は文化の拠点であり、なかなか見られない名画をハイビジョンで鑑賞できるのは地域文化の向上につながるし、自治体同士でハイビジョン画像ソフトの交換も可能である」という。この事業で地方債を起債する場合は総額の四割までは交付税が認められていた。

さらに、高度情報化に注目したのは郵政、通産、自治省だけではなかった。

建設省は都市整備をすすめることを目的に、高速、大量の通信に対応したインテリジェントビル建設をすすめるインテリジェント・シティ構想を打ち出し八六年度に二十二都市を指定した。八九年度までに五十三都市が指定され、二〇〇二年度までに行われた百二十九件の整備事業には、NTT株の売却益をもとにした無利子融資などの支援が行なわれた。代表的な例としては、横浜みなとみらい21ランドマークタワー、富士通幕張ビルなどがある。

このほか、農水省は農村地域でのニューメディア活用による情報化をすすめる事業としてグリーントピア構想を実施した。八六〜八八年度に五十三地域が指定され、CATV施設などがつくられた。

乱立する似たもの政策

同じような政策目標と事業内容、支援制度がならぶ省庁の地域情報化政策が乱立したのはなぜなのか。

ある中央省庁の担当者は「最近は説明責任を強く求められるようになったが、八〇年代後半の当時は『構想』ばやりでしたから。とはいえ、省庁が取り上げたころがピークで長続きしないことも多かった。半面、地方も中央からいかにカネを取ってくるかが腕の見せどころといった空気が強かった」と自嘲ぎみに語る。別の担当者も「バブルのころはいけいけドンドンだった。他省庁の構想については、いい意味では競争といえるが、勝手にやってください、という感じだったのだろう」と言う。各省庁とも、高度情報化社会になるのは間違いないとみえ、自らの省でできる構想を打ち上げて〝縄張り〟を広げようとしたわけだ。

建設省官僚だった前岩手県知事の増田寛也も課長補佐だった八六、七年ごろを振り返り、こう記している。「各局が予算をどれだけ自分たちのところに取ってくるかという議論で、お互いに張り合っていた。それぞれの局が道路や治水の五カ年計画を持っていますから、どれだけ予算規模を確保するかという競争をしていました。あの時期に、いまのような右肩下がりの時代がくるとは、とても想像できなかった[23]」

こうした一方で、地方自治体の現場からはこんな本音が聞こえてくる。「ある目的で施設をつくるとき、国の補助金・交付税や融資は大きな財源になる。使いやすい支援制度を探すと、似たような制度が結構ある」。モデル都市の数と事業実績を誇示したい省庁側の意向と、有利な資金調達を図りたい地方自治体側の思惑は一致する点が少なくない。特定の自治体がいくつものモデル都市になったり、指定を受けても事業が有名無実化して何も行なわれなかったりしている例が続発した。

縦割りの弊害

こうした縦割りの弊害への批判は、市民運動をふくめて目立たなかった。モデル都市の重複指定や省庁間の競合についての断片的な指摘はあったが、地域情報化の報道で圧倒的に多かったのはモデル都市の指定と将来の事業計画だった。

こうした中で真っ正面から切り込んだ調査をしたのは総務庁行政監察局（現・総務省行政評価局）である。

九六年十二月から九七年三月にかけて「地域情報化推進施策の総合性の確保に関する調査」が行なわれた。対象機関は農水省、通産省、郵政省、建設省、自治省をはじめ、全国の都道府県と市町村に及んだ。総務省行政評価局によれば、首相（橋本龍太郎）が九六年夏ごろ、翌年度の概算予算要求では、情報通信基盤などの二十一世紀に向けた経済構造改革を実現する施策については各省庁が共同・連携するようにと関係大臣らに指示したのが、調査のきっかけになったという。

九七年十月にまとめられた報告書では、縦割り行政の弊害がズバリと指摘された。[24]「昭和五十年代後半に端を発したニューメディアブームの中で、各省は、相次いで地域の情報化を推進する施策を打ち出した。それらは、いずれも、地域間格差の是正や地域の振興を図る観点に立つものであって、情報通信メディアを通じて、これらを実現しようとする点においても共通性がみられる。それらの先駆けとなったニューメディア・コミュニティ構想、テレトピア構想などを始めとして、今日、このような地域における情報化の推進のため、地域を指定して総合的にシステムの整備を支援する施策は、五省十二施策に及んでいる」。

低い事業稼働率

全国を調べた結果が具体的に示されている。たとえば、テレトピア構想とニューメディア・コミュニティ構想の双方の指定を受けたのが六十六市町（それぞれの対象地域の一九％、三一％）となっている実態をあげたうえ、「双方の構想の立案・実施に当たり、所管省相互間において、特段の調整は行なわれていない」と断定した。

加えて、指定から八年以上たっても事業のすべてまたは半数以上が稼働しないままの地域の比率が高いことも指摘した。インテリジェント・シティ構想六七％、グリーントピア構想四四％、ニューメディア・コミュニティ構想三三％、テレトピア構想三三％。さらには、ある市町村が「具体的な目的をもってハイビジョン・シティ構想の指定を受けたものではなく、地方電気通信監理局の働き掛けもあって受けた」というおざなりな実態も明確に示した。

総務省勧告をうけた五省庁

これらを踏まえ、農林省、通産省、郵政省、建設省、自治省の五省庁に勧告が行なわれた。その内容は、①新たな地域情報化施策の立案・実施では事業の共同・連携化を推進する、②連絡・協議をすすめ、各省の機能を総合的に発揮し地域情報化を的確に推進する基礎となる総合的プログラムの取りまとめとをする、③地域のニーズや民間の事業への参画意欲を踏まえつつ地域情報化施策を見直す。

五省庁は連携と総合的プログラム取りまとめのため、勧告の翌十一月に「地域情報化推進施策に関する五省連絡協議会」を設けた。二〇〇〇年二月にも、他省庁との連携への意欲を強調する改善措置の回答を寄せた。

ところが、五省の担当課に聞いてみると、「五省連絡協議会」は実施されておらず、その存在はほとんど忘れ去られていた。かつてほどの競合がなくなってきたとはいわれているが、二、三年で担当者が代わる弊害のあらわれといえる。

各省庁が競ってきた地域情報化の効果について、総務省行政評価局は「地域情報化施策のための第三セクターへの無利子融資などの実績が減っていることやシステムが頓挫している例があることを考えると、当初考えられていたものより効果が上がっていないと考える」との見解を示した。

「第二の公共事業」？

「多極分散型国土の実現」を目標にすえた第四次全国総合開発（四全総）は八七年に閣議決定された。四全総では、主要施策として「定住と交流のための交通、情報、通信体系の整備」をかかげられた。[25]これを錦の御旗に、各省庁は地域情報化の政策に邁進した。

九八年には五全総が決まった。しかし、それから七年後、「戦後開発行政の指針『全総』廃止へ」との見出しで、国土交通省が全総廃止の方針を固めたと報じられた。[26]開発行政を象徴した全総は、「国土の均衡ある発展」「地域間格差の是正」という地域情報化と重なる理念も包含していた。となれば、全総の廃止は、地域情報化のあり方の見直しを迫るにちがいない。

IT立国の形成をうたって政府のIT戦略本部が〇一年に策定した「e‐Japan戦略」や、基盤整備後の便利さの実感できる仕組みづくりをめざした〇三年の「e‐Japan戦略Ⅱ」では、かつての地域情報化施策との連続性は見いだしにくい。

ただ、「e‐Japan戦略」では、「電子政府の実現」が推進すべき方策に掲げられた。行政情報のインターネット公開や各種申請のオンライン化推進などが内容だった。たしかに電子政府・電子自治体のブームのなか、IT官需が伸びている。日本経済新聞社と日経産業消費研究所が〇四年六月、全国の四十七都道府県と七百十八市区を対象にしたアンケート（回答率は七七・四％）の結果によると、パソコン購入やシステム開発・運営費などのIT関連予算は〇四年度当初で七千四十五億円だった。〇一年度よりほぼ一千億円増加し、〇七年度に計上が確定的なIT関連予算はすでに六千八百四十一億円に達しているという[27]。

上武大学大学院教授の池田信夫は、電子政府のあり方に対して経済性の側面から強い疑問を投げかけている。

「行政手続きを合理化することが目的なら、電子化することによって出張所を廃止して公務員を何人減らします、などの目標がまずあって、そのために電子化する、というのが当たり前でしょう。そういう目標が全くない。本気で行政を合理化する気なんか初めからないわけです。『住基ネット反対』というが、最大の問題は、個人のプライバシーが侵害されるという部分ではなくて、住基ネットというネットワークが役に立たないことです。これが第二の公共事業だということです。住基ネットの4情報（住所・氏名・生年月日・性別）なんて全日本国民で一〇ギガバイトもありません。圧縮したらCD-ROM一枚に入るくらいの情報量です。そんな情報のために四百億円のコンピュータセンターをつくり、二十四時間警備をして年間の運営費用が二百億円もかかるという。……とんでもない税金の無駄遣いです」「電子政府計画は、IT業界にとって干天の慈雨なのです。二〇〇二年度の関連予算はトータルで二兆円を超えている。まさに第二の公共事業です。……政府はデジタルデバイド（情報格差）の解消を唱えていますが、これも問題です。ITゼネコンにとってはデジタルデバイドの解消が錦の御旗になってしまっている[28]」

地域情報化のさまざまな政策は、ニューメディアブームのなか、「地域間格差の是正」という美名のもとに進められてきた。インターネットが普及しIT化がすすんだ約二十年後、「情報格差の是正」を旗印に巨額の予算が投じられている。ところが、その実態を見れば、オンライン申請で本人を確認する認証システムを各省庁がバラバラで構築し始め、それらを束ねるシステムをつくることになった。「政府内には『最初から全省庁で統一したシステムをつくれば、こんな無駄なことをしなくて済んだ』との声が目立つ」(29)という。構想の名前は変わっても、縦割り行政という負の歴史は繰り返されている。

【注】

(1) 北原安定『テレコム革命』徳間書店、一九八三年。
(2) 通商産業省機械情報産業局編『豊かなる情報化社会への道標——産業構造審議会情報産業部会答申』コンピュータ・エージ社、一九八一年。
(3) 読売新聞、一九八四年十一月三十日付朝刊。
(4) 富田徹郎「特別インタビュー　キャプテンの開発者に聞く」、『ニューメディア』一九八五年一月号。
(5) 日本電信電話株式会社社史編集委員会『日本電信電話公社社史——経営形態変更までの八年の歩み』、情報通信総合研究所、一九八六年。
(6) 日本経済新聞、一九八七年三月二十一日付朝刊。
(7) 日本経済新聞、一九八七年三月二十一日付朝刊。
(8) 松永真理「連続インタビュー・転換期のメディア⑦　ケータイとテレビの幸せな結婚」、『放送研究と調査』二〇〇四年十月号、NHK放送文化研究所。
(9) 『平成16年版　情報通信白書』、ぎょうせい、二〇〇四年。
(10) 総務省総合通信基盤局データ通信課の調べ。

(11) 毎日新聞、一九九〇年十二月五日付朝刊。「ISDNの実用化」に研究面で貢献したNTT取締役LSI研究所長の池田博昌も毎日工業技術賞を同時に受けた。

(12) NTTコミュニケーションズのキャプテンシステムからの撤退を報じた新聞は、調べた範囲内では、読売新聞(二〇〇二年一月十日付朝刊)の短い記事ぐらいだった。

(13) 長谷川文雄編著『テレポート』、日刊工業新聞社、一九八五年。

(14) たとえば、経済学者の村上泰亮は、情報化を「一定の体系の下で整理された知識(すなわち情報)を、大量に高速に処理し、加工し、転送する技術の発達」と定義した(『反古典の政治経済学 上』、中央公論社、一九九二年)。

(15) 東京都企画審議室『高度情報化の進展と東京』、一九八五年。

(16) KDD社史編纂委員会『KDD社史』、KDDクリエイティブ、二〇〇一年。

(17) 尾島俊雄『異議あり! 臨海副都心』、岩波ブックレット、一九九二年。

(18) 世界テレポート連合アジアテレポート協会『世界テレポート連合第14回総会報告書』、一九九九年。

(19) 大阪市港湾局・大阪港開発技術協会『テクノポート大阪――世界に開かれた21世紀の高度情報都市』、大阪市港湾局、一九八五年。

(20) 大石裕『地域情報化――理論と政策』、世界思想社、一九九二年。

(21) 静岡市情報政策課『静岡市テレトピア計画』、二〇〇四年。

(22) 高度映像都市(ハイビジョン・シティ)構想懇談会編、郵政省放送行政局ハイビジョン推進室監修『実践ハイビジョン・シティ――快適都市の実現にむけて――』、日刊工業新聞社、一九八九年。

(23) 五十嵐敬喜・小川明雄編著『公共事業は止まるか』、岩波新書、二〇〇一年。

(24) ところが、この行政監察について報道した全国紙は、調べたかぎりでは読売新聞(一九九七年十月三十一日付朝刊五面の短信記事「情報化支援、低い稼働率」)だけだった。

(25) 大石裕、前掲書。
(26) 朝日新聞、二〇〇五年一月三十日付朝刊一面。
(27) 日本経済新聞、二〇〇四年七月三十一日付夕刊一面。
(28) 池田信夫「情報通信インフラは誰のものか〝ITゼネコン〟が日本を蝕む」、加藤秀樹編著『浮き足立ち症候群~危機の正体21』、講談社、二〇〇四年。
(29) 朝日新聞、二〇〇二年十一月四日付朝刊三面。

2 インターネットはなぜ成功したのか

官庁や公社が先導する「ニューメディア」がことごとく定着せず失敗したのに対し、普及の見通しさえなかった民間主導の「インターネット」がアッという間に広まったのはなぜなのだろうか。米国生まれのネットワークが日本で定着した歴史をたどると、最初のうねりは、日本人技術者が産業スパイとして摘発された「IBM事件」に端を発する。

IBM事件をきっかけに

IBM事件とは、コンピューターの開発を手がける日立製作所と三菱電機の社員ら九人が一九八二年六月、米IBMの最新鋭大型コンピューター「3081」や磁気ディスク「3380」などの情報を不正に入手した疑いで、おとり捜査の末、米連邦捜査局（FBI）に逮捕された産業スパイ事件である。IBMが七〇年に発表した大型コンピューター「370機」に対抗し、通産省の大型プロジェクトとして、富士通や日立は互換性のある「M」シリーズを七四年に出した。(1) ソフトでもI

BMと同じ構造のものを作ろうとしたときに起こったのがIBM事件だった。この結果、日本メーカーは、IBMに互換性のある基本ソフトであるOS(オペレーティングシステム)の開発に慎重にならざるを得なかった。

その後、ソフトの互換性をめざすのではなく、IBMが開発した企業内のコンピューターネットワークである「SNA(システム・ネットワーク・アーキテクチャー)」を上回る機能をもつ国際標準を日本メーカーは選んだ。企業ネットワーク同士を結ぶ、この標準は「OSI(オープン・システムズ・インターコネクション=開放型システム間相互接続)」と名づけられた。

OSI推進の中心だった東大教授・元岡達《とおる》に呼ばれた東大助教授(現・国立情報学研究所教授)の浅野正一郎は、八四年からOSIの仕事に携わった。日本政府は産業育成策としてOSIを支援した。八四年には、政府関係機関がコンピューターネットワークを導入するときはOSIを使うように閣議決定をした。

「国際標準」を打ち破った「実質標準」

通信や放送の分野では国が違っても使えるように、機器や伝送経路の技術基準などについて国際機関で取り決めるのが通例だ。OSIも八四年、ISO(国際標準化機構)やCCITT(国際電信電話諮問委員会、現・ITU-T=国際電気通信連合電気通信標準化部門)で承認され、国際標準としてのお墨付きが与えられていた。各国の政府機関はOSIを導入する場合は試験をするようにした。しかし、費用と手間のかかる認証制度は広がらず、OSIをつかった製品もほとんど生まれなかった。

大型コンピューター向けに想定されていたOSIのもたつきを尻目に広まったのが、米国生まれのインターネットだった。米国防総省に一九五八年設立されたARPA（高等研究計画局）で一九六九年に広域パケット網としてインターネットの原形となる「ARPANET」が生まれた。[2]

七つの層の通信規約（プロトコル）に分かれるOSIの下から三番目がネットワーク層、四番目がトランスポート層だった。インターネットでは、三つ目の層がIP（インターネット・プロトコル）、四つ目がTCP（トランスミッション・コントロール・プロトコル）となっているが、他の五つの層は決められていない。TCP／IPの原形となる論文は七四年に米国で発表され、八〇年には米軍がTCP／IPを正式な軍用プロトコルとして採用した。[3]

CCITTでの規約づくりに熱心だったのは欧州と日本だった。米国の研究機関などでネットワーク同士を結ぶものとして普及しつつあったインターネットは公的な権威はなかった半面、試験をするための時間やお金も無用だった。個人向けのパソコンやワークステーションでは、使い勝手の良さからインターネットを利用する人がどんどん増えていった。世の中に広まったのは、「デジュール（国際標準）」のOSIではなく、「デファクト（実質標準）」のインターネットだった。

浅野は「国際標準化組織で時間をかけて決めていくOSIに比べ、インターネットは市場で標準がつくられていく。パソコンと相性が良かったのも大きかった。通信の世界でデファクトがデジュールを打ち破った初めての例だ」と指摘した。浅野自身、八六年にはOSIの限界を感じていた、という。ただ、浅野は「OSIには電子メールもあった。OSIがなければ、インターネットもなかった」と位置づけている。逆に、慶應義塾大環境情報学部長（現・東京工科大学長）としてWIDEプロジェクト発足直後の村井を庇護する立場にあった相磯秀夫は、OSIなどがなかったら、「インターネットの普及、発展はいまより数年早かったんじゃないでしょうか」と発言している。[4]

学術ネットから広がったインターネット

日本では、慶應義塾常任理事で慶應義塾大環境情報学部教授の村井純が「インターネットをつくった男」と呼ばれている。そして、サイバー大学IT総合学部長の石田晴久は「インターネットをつくらせた男」と称される。

情報科学を専攻する石田がインターネットに初めて触れたのは一九七五年。米ニュージャージー州のAT&Tベル研究所に客員研究員として滞在した東大助教授時代のことだった。ベル研究所が開発したOSであるUNIX（ユニックス）が研究室に置かれ、イーサネット[5]で結ばれていた。電子メールがひんぱんに交わされていた。所内ではなるべく電話を使わないようにしていた。秘書から研究者には、「先ほど電話がありました」という伝言もメールで送られた。「お昼ごはんを食べに行こうか」というメールを同僚から受け取って、石田は「へぇ、こんな使い方があるのか」と感心した。

翌年帰国した石田は、さっそく東大の大型計算機センターにUNIXを初めて導入した。しかし、通信自由化の前だったため、メッセージの交換である電子メールは一つのシステム内で送受信することは許されていたが、異なるコンピューターシステムに送ることは公衆電気通信法に違反するとみなされていた。

村井は慶大大学院の博士課程時代、米国をしばしば訪れ、UNIXの研究者と親しくなり、大学間で電子メールが交換される様子を目の当たりにした。[6] 大学院を終えた村井は八四年八月、東京工業大の助手になる。この年の九月、慶大(横浜市港北区)と東工大(東京都目黒区)のUNIXのコンピューターを結んだあと、翌十月には石田が教授をつとめる東大大型計算機センター(東京都文京区)を加えて三カ所をつなぎ、学術ネット「JUNET(ジャパン・ユニバーシティ・ネットワーク)」が誕生した。通信が自由化される前年の八四年、石田は郵政省の担当者から「三つの大学をつなぐのはいいが、自由化までは公に言わず、こっそりとやってくれ」とひそかにクギを刺された。

学会では当時、コンピューターネットワークといえばOSIが主流だった。インターネットの推進役だった村井は、格好の標的となった。八七年に村井を東大の助手に招き後見人役となっていた石田は、OSIを支持する重鎮の学者から「村井を野放しにするのはけしからん」と言われた。しかし、村井への支援は変えなかった。[7]

OSIにかかわる委員会は八九年ごろを最後に開かれなくなり、いま、その名前で使われるものはない。閉じた世界だったJUNETは九四年に解散するが、より広いネットワークが誕生していった。OSIは消え、インターネットが残った。決着がついたのだった。

のだった。

「通信費無料」という支援

一般の電話回線を使ったネットワークだったJUNETは、遠方に接続した場合、通話料金がかさむ。研究費がないのが悩みの種だったこのネットワークに、学外からの隠れた支援が寄せられたのだった。

国際電信電話研究所（現・KDDI研究所）の調査役だった小西和憲は一九八五年五月、村井から電話の国際回線を無料で利用させてもらえないか、と打診を受ける。村井は、KDD研究所が米国の草の根ネットワーク「USENET」に国際電話回線で八五年一月から接続していることを聞き、JUNETとの接続を依頼してきたのだった。小西は、KDDの国際回線の無料利用を即断に近い形で許可した。国際電話回線の費用は月百万円ほどだったが、研究所としてニュースを取得する費用が九〇％以上を占めていて、電子メールのためのコストはわずかだった。国内回線についても、情報処理学会誌に載った投稿からJUNETを知った電電公社武蔵野電気通信研究所（現・NTT武蔵野研究開発センター）の研究者から、JUNET接続の申し出があった。この機会をとらえ、村井は当時、八五年の民営化以前は全国に無料で通話できたという同研究所の電話回線にJUNETをつなげることの同意を取りつけた。これも非公式な協力だった[8]。

国際回線の外部への提供が法的に問題がないのかどうか。小西は同期入社で相談しやすかった事務部門の法規（現・法務）課長に尋ねた。ただ、研究所内では所属していた端末システム研究室の室長（課長級）以外の上司には内証にしておいた。あくまで学術ネットワークの「実験」として位置づけ、目立たないように始めた。ただ、室内では公然の秘密だった。ＪＵＮＥＴの参加者は、米国とのメールのやり取りやネット上のソフトの最新情報入手に役立てた。

ところが、約二カ月後、技術系のトップであるＫＤＤ本社の副社長から研究所長室に突然呼び出され、「お前、やばいぞ」と告げられた。副社長は、たまたま会った大学教授から「研究所の方に大変お世話になっています。ありがとうございます」と感謝されたからだった。理由を聞くと、ただで国際回線を使わせてもらっている、というではないか。さっそく調査した末、小西に問い合わせたのだった。

詰問された小西は「ＪＵＮＥＴの回線を切らなきゃいけないでしょうか」と副社長に聞いた。すると、「いつまでもこういうことは出来ない。事務方と相談して対処しろ」という答えだった。「切れ」とは言われなかったので、続けることにした。二年後の八七年、非営利組織の「アイネットクラブ」という団体を発足させて、実験は継続された。クラブの会長には石田が、副会長には村井が選ばれた。

激変する通信の世界

小西が一九六九年にＫＤＤ研究所に入ったとき、初めて担当したのはＫＤＤが運用していた、アルファベットと記号を使うテレックス関連の研究だった。その延長上として、双方向の文字・図形情報システムであるテレテックスに取り組み、スイス・ジュネーブにあるＣＣＩＴＴでの標準化に携わった。この国際舞台で通信規約や符号の取り決めについて長時間の議論をしているうちに、ゼロックスなどの米国企業は、きれいな文書作成を可能にするすぐれた新製品を次々に世に出していった。「CCITTに付き合っていたら負ける」と直感した。

八〇年ごろ、UNIXに触れ、コンピューターの通信に関心をもった。当時のKDD研究所では、ネットワークといえばOSIが主流だった。そのなかで、異端ともいえるインターネットの研究をする決断をした。四人のプロジェクトリーダーとして研究所内で了解を取りつけた。当然のことながら、研究予算は乏しかった。期末にやりくりが厳しくなると、予算が余っていたOSIの研究グループから通信費などを融通してもらった。

「インターネットは価格と法律の双方で通信を破壊すると言われていた。その中で、企画、法務などの事務方には世話になった。今から思えば、OSIが成功するとは限らないと保険をかけたのかもしれない、とも思う。

インターネットの登場と、携帯電話の爆発的普及――。通信を取り巻く風景は、この十年余りで一変した。一九五六年から始まった国際テレックスはファクスや電子メールの普及によって、二〇〇五年にサービスが終わった。一九九八年に独占的な国際電話会社だったKDDは完全民営化したあと、二〇〇〇年にはDDI（第二電電）とIDO（日本移動通信）と合併し、KDDIが誕生した。いま、売上高（〇五年度）の約八割はケータイが稼いでいる。KDDI研究所主席研究員として定年退職した小西は、石田に招かれて、二〇〇七年四月、開学したサイバー大の教授に就任した。アジアのインターネット接続拠点にと九九年に設立された「APAN」[9]にも情熱を注ぎ、ネットワーク運用者としての活動を続けている。

ニューメディアと違ったインターネット

小西と同じように、ニューメディアに取り組んだあと、インターネットの世界に進出したのが、インターネット戦略研究所会長の高橋徹である。高橋は東北大で哲学を学んだ。日本読書新聞を経て、入社した冬樹社で文芸評論の編集者として評論家柄谷行人の初期の作品を手がけたといたという、ネットの世界では異色の経歴の持ち主だ。

高橋は七四年にフリーとなり、コンピューター関係の出版の手伝いをするようになった。八二年、生活構造研究所の嘱託として、ビデオテックス[10]の啓蒙活動に携わるようになる。高橋がかかわったビデオテックスの方式は北米のNAPLPSだった。しかし、ビデオテックスが思ったほど普及しないことがはっきりしてきた。八六年、ディジタルコンピュータ社に転じる。UNIXのワークステーションやルーター(LAN同士を接続する中継装置)の市場開拓を担当した。そして、八七年からはインターネットの調査研究に乗り出した。

圧倒的な世の中のウケ

村井の動きはいつも早かった。村井は回線接続時間に比例して料金がかさむ従量課金の回線ではなく、通信速度のすぐれた専用線をつかったインターネットの「WIDEプロジェクト」[11]を、八八年から始めた。企業十社から五百万円ずつ資金を集めて実現させた。[12]

九二年にはWIDEプロジェクトでインターネットの経験を積んだ若者を中心としたベンチャー企業の「インターネットイニシアティブ（IIJ）」が設立された。[13]だが、歩みは順調ではなかった。

高橋が村井と出会ったのは八七年だった。米プロテオン社の代理店（ディジタルコンピュータ社）として五百万円を超したルーターの販売を担当していた高橋は、東大助手だった村井からこう言われたのを覚えている。「このルーターがあれば、日本でインターネットを構築できる」

このころ、米国ではインターネットの利用者が二百万人を超える勢いだった。高橋は、日本でもインターネットの普及が本物になる、と確信した。九一年には、CERN（欧州合同原子核研究機関）のティム・バーナーズリーがネット上の広域情報システムである「WWW」[14]を開発、ネットの普及に大きな弾みをつけた。

インターネットとニューメディアのビデオテックスはともに双方向性を売り物にしていた。しかし、世の中での受け入れられ方は、天と地の開きだった。双方の普及に携わった高橋は、その違いをこう述べる。「インターネットは開かれたシステムと利用者の声をすくいあげるボトムアップの仕組みがすばらしかった。ビデオテックスは画像の送り方などはおもしろいと思ったが、回線の帯域幅が狭いうえネットワークが未発達で厳しいと思っていた。つぶれるべくしてつぶれた」

WIDEプロジェクトが立ち上がって間もないころ、高橋が大阪市内のホテルでルーターに関する業者向けのセミナーを開いた。「ルーターのインターフェースはどうなっているのか、運用の方法は」と専門的な質問を連発する若者がいた。セミナーが終わったあと聞いてみると、この若者は大阪大基礎工学部博士課程一年の大学院生だった。二〇〇四年に内閣官房情報セキュリティ補佐官となった奈良先端科学技術大学院大教授の山口英《すぐる》である。情報工学を専攻しUNIXの利用者として村井とも知り合いだった山口は、大阪大とWIDEネットをどう結べばいいのかを検討していた。そのため、ルーターの利用に目を向けたのだった。知り合いの業者からセミナーの開催を聞き、もぐり込んだのだった。

八九年夏には、高橋が属するディジタルコンピュータ社からWIDEプロジェクト向けにルーターが東京のネットワークの拠点となる岩波書店の地下に納入された。高橋はその後、商用インターネットのプロバイダー(接続業者)の企業経営に転じる。高橋に先んじて、九二年、インターネットのプロバイダーに名乗りをあげる新会社があった。アスキーでインターネットの商用サービスを企画していた深瀬弘恭《ひろやす》が鈴木幸一を誘ってインターネットイニシアティブ企画(現・インターネットイニシアティブ、IIJ)(15)を設立した。深瀬も鈴木も村井を学生のときから支援し、WIDEプロジェクトに関係した技術者はIIJを外から支えた。

ネット接続業に監督官庁の壁

IIJが設立されたのは一九九二年十二月。インターネットのプロバイダーとして、海外のネットと接続しようとすれば、当時あった「特別第二種」電気通信事業者として登録しなければならなかった。そのためには、通信事業を監督する郵政省に届け出て、受理される必要があった。ＩＩＪはさっそく届け出た。しかし、「特二」をなかなか得られなかった。このため、プロバイダー事業をすぐに始められなかった。

当時、郵政省電気通信政策局データ通信課長だった蝶野光は、「事業計画や財政計画において十分な材料がなかったため。省令で決まっている運用方針のルール通りに対応しただけ」と説明した。たしかに、インターネットという前例のない分野であり、実績のないベンチャー企業だっただけに、根拠のある普及見通しや収入の裏づけをあげるのは難しいといえた。

事業が始められないなか、十人余りいた社員の給与は支払わなければならず、ＩＩＪはセミナー開催を収入源としながら資金繰りに追われていた。深瀬の後任として九四年三月に取締役から社長になった鈴木は九三年、住友銀行（現・三井住友銀行）の常務に「五分だけ」という約束で面会を取り付けた。「電話に代わるような技術です」とインターネットについて説明したあと、「二〇〇〇年には日本で二千万人が使うようになる」と将来性を強調した。いまの利用者数を聞かれ、「万をとった数字」と答えると、「長いあいだ生きてきたけれど、そんなホラを聞いたことがない」とあきれられた。しかし、必死の説得が功を奏したのか、審査部に話をつないでもらえ、千五百万円の融資を受けることができた。富士銀行（現・みずほ銀行）、三和銀行（現・三菱東京ＵＦＪ銀行）にも同じような話をして取引が始まった。

「特二」として登録するには電気通信事業法には書かれていなかったが、向こう三年間、事業計画に従った投資をして、収入がゼロでも存立できる財政基盤を親会社の債務保証か金融機関の融資保証で示すことが必要とされた。[16] 米大手電話会社の日本子会社「AT&T Jens」が、先に特二の登録がされた。それだけに、IIJにとっては不満が大きかった。鈴木は「資金面でクリアする明確な基準が示されなかったうえ、文部省(現・文部科学省)や科学技術省(同)の反対が聞こえてきた」という。蝶野は「特二は整っていればその日に受け付けて登録し、二週間以内に審査する。IIJは事業の基礎がなかったうえに資金が不足していた。AT&T Jensは他の事業をしていたし財産や施設を持っていた」と述べる。蝶野によると、IIJについては、弁護士を伴ったうえで要求が出されたり、政治家や他省庁の幹部から「なぜ認められないのか」としばしば問い合わせがあったりした。

インターネットの世界は、新しい技術によってさらに加速していた。九三年に米イリノイ大で開発された、情報の閲覧用ソフトであるブラウザの「モザイク」が無料で配布され、利用者が爆発的に増えた。国を相手取った訴訟を検討したIIJが特二に認められたのは九四年二月だった。最後に求められたのは「三年間、資金不足しない説明」だった。鈴木によれば、三行から取りつけた保証額は三億数千万円だったという。蝶野は振り返って語る。「当時、インターネットの具体的な利用者予測はなかった。電気通信は無線、電話、ファクスと発展してきた。事業者が提示するサービスを利用者に押しつけるという面ではインターネットは違う可能性を持っていたのは確かだった。増大する通信量にどう対応するかが政策の課題だったが、インターネットは通信の質的な変化をもたらした」

国内向けのインターネット接続サービス（九三年十二月）に「続き、国際接続事業を始めたＩＩＪは技術力を売り物に、大手企業との契約を次々と成立させ、最有力のプロバイダーとしての地位を築き上げた。

ＩＩＪが特二に認められてから九カ月後の九四年十二月、前年に日本インターネット協会（現・インターネット協会）事務局長に就任していた高橋は、セコムなどが出資して設立されたプロバイダー事業「東京インターネット」の社長の座についた。出資したセコムの営業力を前面に出し、ユーザーを増やしていった。高橋は「いま波に乗らないといけない」と、「ＩＩＪの半額の料金で、二倍のユーザー獲得」をめざした。その後、九七年十二月に会長に。九八年には八月に脳梗塞に襲われたあと、十月に東京インターネットが米ＰＳＩネットに買収され、上級顧問となった。拡大するインターネット市場には参入が相次ぎ、生き残りの競争に拍車がかかった。

プロバイダー間の激烈な競争

東芝に入社して五年目、大学へのシステム納入の仕事をしていた尾崎憲一は一九九四年七月、インターネットの展示会「インターロップ」が開かれた千葉・幕張メッセを訪れた。個人向けプロバイダーとしてのＩＩＪの接続料金は月間五万円と表示されていた。自分が入っているパソコン通信の接続料は月五千円程度に比べて高すぎる――。帰りがけに受け取った雑誌『インターネットマガジン』創刊期待号を手に、自宅に戻る電車の中で、低料金のプロバイダーを起業することを考え始めていた。自宅のある松戸市の新八柱駅前から創刊期待号に載っていた編集部に電話をかけた。「創刊号の広告、間に合いますか」。その日のうちなら間に合うという。東京・三番町の出版社に向かった。思いつきに近い発想のベンチャー企業が走り始めた。[17]

尾崎はパソコン通信をしていた高校三年のとき、「ダンボネット」という名の草の根電子掲示板をつくっていた。学生時代のパソコン通信の仲間約十人から百万円を集めた。しかし、すぐに底をつき、雑誌の広告費は消費者金融から借りた。年間費用三万円という広告で、三百人ほどの申し込みがあった。九四年十二月、パソコン通信仲間のグループ名をとり、東京・向島で株式会社「ベッコアメ・インターネット」を設立、社長になる。翌年六月に、東芝を退社した。低料金に加え、テストを重ねて選んだ機材の質から、「つながりやすいプロバイダー」の評価が生まれ、契約会員はうなぎのぼりに増えた。事業開始から一年足らずで会員は五万人を超えた。[18]

尾崎は胸のうちでは自信に満ちていた。「接続し放題で年三万円という定額制は予想通り受けた。これで十年間、左うちわだ」。ところが、ベッコアメの後を追うように、プロバイダーに参入する業者が相次ぎ、競争が激しくなった。さらに、技術の進歩で通信速度が増せば増すほど、幹線の太さを大きくし設備の増強に努めなければいけない。しかし、会費を上げるわけにはいかない。九六年十二月には、通信最大手のNTTが常時接続の「OCNエコノミー」を始め、大きな打撃を受ける。

淘汰は早かった。尾崎は九九年初めに経営から実質的に身を引いた、という。二〇〇〇年には実施した第三者割当増資で、米の新興通信会社プライマス・コミュニケーションズが発行済み株式総数の三七％を引き受けた。(19) 二〇〇二年、尾崎は社長を退き、顧問となった。

尾崎は回顧する。「プロバイダーの世界が電気やガス、水道を供給する大規模な公共事業のようになってしまった。ベンチャーの出る幕はなくなった。エンジンのないグライダーと一緒で、いずれ着陸しないといけなくなったということ。結局、左うちわは三年間だけだった」

オタクを自認する尾崎は、朝から晩まで走り回るような経営者向きではなかった、という。だから、会社を上場させる発想を持たなかった。いまは、東京・日本橋にあるネットのコンサルタント会社「ダンボネット・システムズ」の社長をつとめる。「ああいうデッドヒートはもうないでしょうかね。でも、もう一度やりたいですよ」と話して、少し目を細めながら窓越しのビルを見つめた。

消えたパソコン通信

尾崎のようにパソコン通信からインターネットへ移った人たちは多い。

富士通に日商岩井（現・双日）の共同出資で一九八六年に設立された「エヌ・アイ・エフ（現・ニフティ）」は八七年からパソコン通信サービス「ニフティー・サーブ（のちのニフティサーブ）」を始め、国内の最大手となる。実名を使わずハンドルネームでオンライン上のやり取りをする掲示板やチャットの仕組みは、インターネットと重なる部分が多かった。九五年四月には会員百万人を達成した。

この年の終わりにマイクロソフト社のパソコン用ＯＳ「ウィンドウズ95」が発売されたのが追い風となり、翌九六年一月には会員が百五十万人となった。インターネットの普及に対応して接続サービス「インフォウェブ」を始め、九九年十一月にはニフティサーブとインフォウェブが統合され、「アット・ニフティ」となった。

九三年から九八年までニフティ社長（現・アジア・ネットコム・ジャパン会長）だった岡田智雄は「いずれインターネットがパソコン通信に取って代わるとは予想していた。オンラインショップが当たるとは思っていたが、これほど伸びるとは予測できなかったので、楽天のようにガーと突っ込むことができなかった。会員だけが参加するパソコン通信が防波堤の中で泳いでいるとしたら、インターネットは防波堤がなく誰も守ってくれない海で泳いでいるようなものだ。世界に通じているが、大波が押し寄せる危険もある」と語った。ニフティのパソコン通信サービスは、〇六年三月に終了した。〇六年七月に発表された「平成18年版情報通信白書」によると、〇五年のインターネット利用者数は人口の六七％にあたる八千五百二十九万人を数えた。

決定権は市場に

インターネットの様々なプロジェクトに中核としてかかわってきた村井純は「一九八四年に学術ネットのＪＵＮＥＴを始めたころには、今日のようなネットの普及状況は予想できなかった。ノートパソコンを誰もが持つようになるとも考えられなかった」と話す。ネット環境を変えたのは、Ｎ

TTの局舎に他の通信会社の回線網の開放策が二〇〇一年から進んだことが大きな岐路になった、と見ている。この結果、ソフトバンクグループがヤフーBBで格安のADSL（非対称デジタル加入者線）サービスを始めることが可能となり、一般世帯でのブロードバンド環境が整ったからだ。

八八年に産学共同のWIDEプロジェクトを始めるとき、文部省に研究費の助成を申請せず、企業十社から資金を集めた理由について、村井は次のように語る。「当時、ぼくらの仲間内で、民間主導で始めたい、というコンセンサスがありました。国のお金を使ったら、国から運用に関してあれこれ口を挟まれることはわかりきっていました。たとえば営利団体は接続してはいけないというような厳しい条件を付けられるのは避けたかったのです」

インターネットとニューメディアの違いについて、村井は「デジタル化された情報を流通させるインターネットは、マーケットが引っ張っていく。かつてのニューメディアのようなサプライ（供給）側の論理は通用しないということ」と言い切った。

日立エンジニアリングやアスキーなどを経て一九九六年にインターネット総合研究所を設立した所長の藤原洋も、「インターネットが市場経済型、ニューメディアは計画経済型」と表現する。「電電公社が標準をつくったキャプテンシステムのように、強い中央からのトップダウンによる普及にはコストがかかる。これに対し、中心がないインターネットは一緒につなぎましょうという仕組みのため、意味のある情報が自己増殖する仕組みとなっている」と解説する。

藤原は、ネット普及で大きな役割を果たしたとみるヤフーBBのADSLが、山地が多いため都市部にある電話局の周囲に住む人々の密度が高い日本に向いていた、と分析する。
通信は国家が主導するものと思われてきた中で、村井がインターネットを浸透させるうえで大きな役割を果たした、と藤原は見る。その村井は、二〇〇一年からIT戦略本部の本部員となり、〇六年には総務相竹中平蔵の私的懇談会「通信と放送の在り方に関する懇談会」のメンバーに選ばれた。通信のみならず放送の分野でも政策立案に大きな影響力を持つ存在となった。かつてインターネットと対立したOSIを推進した政府や学者と逆の立場にいた村井が国家の中枢に位置するようになったこと自体が、国策の転換を意味している。

【注】
(1) 下田博次「IBMコンパチブルつぶしの総決算」、コンピュートピア編『IBMスパイ事件の全貌』、コンピュータ・エージ社、一九八二年。
(2) 喜多千草『インターネットの思想史』(青土社、二〇〇三年)では、ARPANETが核攻撃による中央情報施設の壊滅を避けるために分散型として構想された、というのは俗説にすぎない、と否定している。
(3) 脇英世『インターネットを創った人たち』、青土社、二〇〇三年。ビントン・サーフとボブ・カーンが論文「パケット・ネットワーク相互通信用プロトコル」を学会誌に発表した。
(4) 滝田誠一郎『電網創世記』、実業之日本社、二〇〇二年。
(5) 米国のゼロックス、デジタル・イクイップメント、インテルが共同で開発し、一九八〇年に製品化したLAN(ローカル・エリア・ネットワーク)。
(6) 関口和一『パソコン革命の旗手たち』、日本経済新聞社、二〇〇〇年。

（7）前掲『電網創世記』。「猪瀬（博）先生（学術情報センター所長、二〇〇〇年死去）は国際標準化が進んでいるOSIを強烈に推す。村井君はデファクト・スタンダードになっているTCP／IPで行くべきだといって譲らない。そこで意見が対立し、衝突を繰り返すわけですね」という相磯秀夫・東京工科大学長の言葉も紹介されている。

（8）松岡美樹『ニッポンの挑戦――インターネットの夜明け』、RBB PRESS、二〇〇五年。

（9）Asia-Pacific Advanced Network の略。

（10）遠隔地の中央コンピューターから静止画像を端末に伝送するシステム。一九八〇年代にニューメディアの一つとして注目を集めた。日本のキャプテン、欧州のCEPT、北米のNAPLPSの三方式があった。

（11）Widely Integrated Distributed Environment の頭文字をとった。

（12）村井純『インターネット』、岩波新書、一九九五年。

（13）石田晴久『インターネット自由自在』、岩波新書、一九九八年。

（14）World Wide Web の略。

（15）Internet Initiative Japan の略。一九九二年十二月に日本初の商業プロバイダー「インターネットイニシアティブ企画」として創立され、九三年五月に現社名に変更。

（16）朝日新聞、一九九九年六月十四日付夕刊三面。特別第二種は許可と届け出の中間的な登録が必要とされた。第一種はNTTのような通信設備をもってサービスをする。第二種は第一種から設備を借りて通信サービスを提供する。このうち特二は、不特定多数の公衆サービスや国際サービスを想定していた。

（17）尾崎憲一『インターネットビジネスは楽じゃない』、データハウス、二〇〇〇年。

（18）尾崎憲一『ベッコアメの奇跡』、廣済堂出版、一九九六年。

（19）日経産業新聞、二〇〇〇年四月三日付二面。

大阪南港にあったテレポートのパラボラアンテナは撤去され、更地になっている（2007年4月）

第3部

ニューメディア 思惑外れの理由

～識者に聞く～

技術優先で需要の見極めない取り組みは失敗

日本テレビ取締役会議長　氏家《うじいえ》斉一郎《せいいちろう》

一九五一年、読売新聞社入社。経済部長、広告局長、常務を経て、八二年日本テレビ副社長。八五年に退任、九一年に常勤顧問として復帰。副社長のあと、九二年から二〇〇一年まで社長。会長を経て、〇五年から代表取締役・取締役会議長。九六年から〇三年まで民放連会長。

――一九八四年に「ニューメディア」ブームが起こってから二十年余り、テレビ局はいろんなニューメディアにかかわってきましたが、どう総括していますか？

「文字放送とか、ニューメディアはいろいろあったね。当時の郵政省が、いろんな形のニューメディアを出せば当たるだろうと考えたわけだ。新しい技術を採り入れてはいるが、市場調査もせずに実施した結果、需要はほとんどなかったという例が大半だった。技術的にできる、できないではなく、需要がどれだけあるかを見極めないといけない、ということだよ」

行政の旗振りに協力した側面も

――日本テレビも、PCM音声放送やデータ放送、一一〇度CS放送のプラットホーム会社など、新規メディアの会社に出資してきたのはなぜですか？

「郵政省が『やれ、やれ』と旗を振ったものには、こちらも協力して乗っておいた方がいい、という判断があった。ただ、ニューメディアといっても、伝送手段が変わっただけというものが多かったな。コンテンツ（内容）を無視して、伝送路があればいい、という考えは間違いだったわけだ。光ファイバーがこれほど普及するとは思っていなかったが、ニューメディアの失敗例は予想したとおりといえた。また、グローバリゼーションが進むなか、行政が口を出さなくなりつつある。今後は政界が旗を振ろうが、行政が旗を振ろうが、各テレビ局がそれぞれ判断するということになっていくだろう」

氏家斉一郎氏

――BSデジタルやCSのチャンネルにも進出しましたが、現状での評価は?

「筆頭株主になっているBS日本をはじめ民放のBSデジタル各局は、広告による総合放送という地上波と同じスキーム(枠組み)で二〇〇〇年十二月から放送を始めた。当初はデジタル受信機が少なかったことに加え、地上波の二番煎じといった批判があったが、二〇〇五年八月に受信可能世帯が一千万世帯を超えてからは、広告スポンサーが急速につくようになった。現在では全世帯の三分の一近くに達し、市場が形成されてきた。完全とはまだいえないが、上昇傾向にある。BSデジタルが始まるときには、民放連(日本民間放送連盟)の会長で、『一千日、一千万世帯』というスローガンを打ち出した。語呂がいいし、一千万世帯に早く普及させたいという意味の標語であって、経営戦略的に達成できると思っていたわけではない。また、CSについては、囲碁・将棋のようにもともと需要が特定化された専門チャンネルを想定していた。そのとおりに特化されたものとなっている」

――めまぐるしくメディア環境が変わるなかで、地上波テレビが中核的な位置を保ち続けられた要因は何でしょう?

「一日あたりのテレビ視聴時間は一人あたり三時間半から四時間で、ほぼ変わらない。これに視聴者数をかけたテレビの需要の総量は決まっていることになる。民放BSデジタル五局の開始によって総合放送が二倍に増えたことになり、単純に計算すると、一チャンネルあたりの視聴者は半分になる。ただ、結局はいいコンテンツがあれば、視聴者に見られる。たとえば、『行列のできる法律相談所』は一八~一九%の視聴率を取っていて、弁護士によって意見が分かれることを見せることで法律解釈の難しさを示すという社会的な意味をもっている」

NHKは公共性の低い分野を分割し民営化を

――二〇〇五年十月から始められた「第2日本テレビ」のような、放送と通信の融合をめざす試みが活発です。竹中総務相の私的懇談会「通信・放送の在り方に関する懇談会」でも〇六年一月から議論を始めました。

「放送と通信の融合は、技術的には簡単なんだよ。重大なのはやはりコンテンツ。第2日本テレビでは、地上波で放送している番組と連動させると反応がいいようだ。総務大臣の懇談会は、あまり期待できないと思いますよ。放送と通信の融合のスキームを決めるには、法律の改正が必要となる。

そもそも、通信のコンテンツについていえば、社会的信頼性がどれだけあるか、という問題がある。新聞やテレビとちがい、通信系では客観性や公平性、中立性をかねそなえたものはほとんどない。ホリエモン（堀江貴文）君は『何でもいいから情報を流して、判断するのは消費者だ』という考え方だった。しかし、視聴者は情報が正しいのかどうかを判断する材料をもっていない。新聞やテレビは記事やニュースの信頼性を担保し、情報の客観性を検証するために、多くの記者を抱えているわけだ。個々の視聴者に代わってメディアが検証し誤差を修正してもなお偏りが出ることがある」

――ＮＨＫのあり方について、総務相の懇談会が検討し、規制緩和・民間開放推進会議はＢＳのスクランブル化を提言しました。公共放送のありようについてどう考えていますか？

「まず、公共放送とは何かを考えなければいけない。国会中継や国際放送、学術性の高い番組、お金のかかるドキュメンタリーなどは公共放送が手がけるべきだと考える。その一方で、『健全な娯楽の提供』といって続けてきた大河ドラマや紅白歌合戦は、公共放送として要らないのではないか。公共の概念を漠然としてとらえすぎだ。われわれ民放の番組も、公共という意味では変わらなくなってしまう。

ＢＳのスクランブル化は、受信料制度に対するアンチテーゼとして出てきた感じだな。税金みたいに取られるのは問題ではないかという、単純だけれどわかりやすい話だ。ＮＨＫを特殊法人で維持するという（二〇〇一年十二月の）閣議決定は知らなかったが、私自身は、公共的なものは受信料制度で運営し、それ以外の娯楽的要素の強い分野はＮＨＫから分割して民営化すべきだと考えている。民放はものすごい競争をしている。小泉内閣の政策の基本は、グローバリゼーションの中で強者になれという考え方だ。ＮＨＫの一部が民営化されＣＭを流した場合、民放が影響を受けるという反対論があるが、我々は生き残るために戦わなければいけない。NHKの八波というチャンネル数は多すぎる、とみんな思っているのではないかな。公共放送の分野を確立したうえで、波の数を制限していくべきだろう」

――今後の放送界の課題は何でしょうか？

「二〇一一年七月にテレビのアナログ放送が停波されることになっている。へんぴな地域にある数世帯しかない集落にも地上デジタルを受信できるような施設をつくっていかないといけない。コストがかかるが、文化的な生活を保障するためには欠かせない事業だ。ただ、デジタルの普及目標に対し、残り二、三％に近づいた段階で、どのように実現していくかはなかなか大変だと予想している」

産業と文化が分離しない新しいモデルを

テレビマンユニオン会長　重延《しげのぶ》　浩《ゆたか》

一九六四年、TBS入社。七〇年、番組制作会社テレビマンユニオンの設立に参加。八四年、代表取締役社長に就任、二〇〇二年からは代表取締役会長・CEO。八一年にTBS「ジャンヌ・モローの印章は・光と影の作家たち」（演出）でギャラクシー賞、〇五年には芸術選奨文部科学大臣賞を受賞。

――この二十年間ほどで、メディアの世界における最も大きな変化は何だったのでしょう？

「デジタルという革命です。アナログは時間の経過とともに少しずつ進化するという発想でした。たとえば、ラジオから白黒テレビ、カラーテレビ、ハイビジョンへと推移していくという考え方です。ところが、デジタルは進化とはちがう別の生物、異星人があらわれたといっていい。コンパクトディスク（CD）の登場で音楽が変わり、家電をはじめとして産業構造も大きく変貌しました。そのスピード感は、まったく予想されていないものでした。しかも、すべての分野に影響を与えています。放送と通信の融合、ソフトとハードの水平分離論は、デジタルになったからこそ出てきたテーマなのです。二〇一一年のアナログテレビの停波を、一九八〇年代に予言した人もいませんでした」

重延 浩氏

デジタルで番組制作や視聴習慣に変化

——テレビの制作現場における影響とは？

「アナログ時代は録画したテープから必要な映像を探しては切り張りする形で編集していました。ところが、デジタル化でパソコンによる編集となり、スピードアップするとともによりきめ細かくできるようになりました。ただ、画質が良くなった半面、デジタルの画調に不満をもつ制作者が出てきています。デジタル化で見えすぎてしまう、というのです。高精彩のハイビジョンで撮影すると、野球や大相撲の観客の顔がはっきり見えてしまう。ですから、プロとしては、照明の光をすこし消し、あえて明度を落として画調を良くすることがあります。画質の選択肢が増えたともいえます」

――番組のあり方にも、違いは出てきていますか？

「地上波テレビで巨人の試合が見られなくなってきました。私は横浜ベイスターズのファンなのですが、かつては横浜の途中経過を知りたいがために巨人戦の中継にチャンネルを合わせていました。しかし、CSデジタルのスカパーにスポーツ専門チャンネルが出来て、横浜戦の完全中継を始めてからは地上波の巨人戦を見なくなりました。私にとっては、巨人・阪神よりも横浜・ヤクルトの方が重要なのです。私と同じような巨人ファン以外の巨人戦離れが、視聴率にして四～五％ぐらいになるのではないか、と見ています。テレビマンユニオンは一九九六年、イマジカと共同でシネフィルという会社をつくり、スカパーの名画専門チャンネル『シネフィル・イマジカ』の編成を手がけてきました。CSで採算的に最も見合っているのはショッピングチャンネルです。これに次ぐ分野としてはアニメ、映画、音楽、スポーツ。CSでは衛星の中継器の費用をふくめて年間十数億円の支出を五年間耐えれば生き残れることがわかってきました。いまやCSのチャンネルの六割が黒字になっていて、それぞれがマーケティングのプロとなったわけです。二〇〇〇年始まったBSデジタルの場合は二、三年目が最も経営的に苦しい時期だったでしょうが、受信可能世帯が伸びてきました。スタートから十年で位置取りがはっきりする、と見ています」

――テレビ総体はこれからどう変わっていくのでしょうか。

「仕組みやシェアが劇的に変わる通信分野や受像機メーカーなどの世界と比べて、放送の変化は一番ゆっくりしています。多チャンネル化によって、視聴者が拡散するのは当然であり、いいことだと考えます。ただ、地上波テレビの強さは変わらず、マス媒体として残ると思ってはいました。地上波テレビは不思議な存在で、見る見ないにかかわらず話題にできるのです。たとえば、フジテレビのドラマ『西遊記』に香取慎吾が出ていて深津絵里が三蔵法師を演じているね、とみんなで語り合うように。つまり、放送していることにすでに価値があるのです。一方で、ＢＳの番組の場合、仮に五人集まった場でも共通の話題にならない。インターネットは個人と個人を結びつけ個人の影響力を高めましたが、人間は『個』だけでは生きられない。共通認識として語り合える環境を提供するのがテレビであり、マスメディアなのです。『個』が台頭するデジタル時代に、『衆』を対象としてきた放送が、『個』とどのように交わり、新しい『衆』を構築できるかが問われています」

まだ見えぬ「放送と通信の融合」モデル
——どんな姿が望ましいと考えていますか？

「民放テレビのビジネスモデルは視聴率でした。私は視聴率を否定しないし、文化的でも誰も見ない放送に価値は少ない。『産業』としてのテレビと『文化』としてのテレビは矛盾する、といわれてきました。また、産業と文化を二元化した方が楽でした。量としての『衆』だけを対象とする視聴率競争に徹すればいいわけですから。放送のデジタル化もすべて放送産業論で推進されてきました。しかし、二元化しない理念はないのでしょうか。産業のなかに文化は必要であり、文化がなければ産業はなかったはずです。そこで、地上デジタル放送が始まった二〇〇三年十二月から、放送や通信というメディアにかかわりながら、利益という視点だけではなく魅力的な環境を創るための『カルチャーモデル』の提言を始めました。現実的理想主義の考え方です」

――議論されているNHKの経営形態についての意見は？

「公共放送と民放という二元体制が必要だと考えています。現在、民放には五系列のネットワークがありますが、すべてが総合編成の無料広告放送で、視聴率を争う構造へと邁進してしまった。かつてあった教育放送局といったビジネスモデルは成立しないという結論が出ているのです。NHKが広告放送を始めたら、次の日から視聴率主義に陥ります。視聴率を落とした経営者はその位置にとどまりにくい。かりに私が民放の経営者になっても同じく、視聴率が欲しいと言うでしょう。一九七〇年代までは民放にもクラシック音楽や美術の番組の専門家がいましたが、今は存在しません。その点、NHKには教育、教養番組などのスタッフがいます。この点はきわめて重要です」

――放送と通信の融合についてはどうですか？

「将来的には、放送と通信は合体するでしょう。ただ、まだ、これというビジネスモデルはまだわかっていない。久米宏さんがUSENがパソコン向けに配信している無料の動画サービス『GyaO』で自動車デザインをテーマにした番組の司会を始めるといったおもしろい動きが出ていますが、まだトレーニング中といったところでしょう。東京地検が摘発したライブドア事件は、法を犯すというライブドアの未熟さを示したと思います。ただ、社長だった堀江貴文被告は反社会的でなければ天才だった。デジタル感覚の合理性を備えつつ、見えにくい『個』の心理を見抜いていたからこそ、社会が翻弄されたのです。メディアの世界に、反面教師としての堀江貴文を超える人間が出てきてほしい、という思いを抱いています」

官製プロジェクトから規制緩和への転換

慶應義塾大教授　中村伊知哉《なかむらいちや》

一九八四年、郵政省入省。大臣官房総務課長補佐を最後に、九八年退職。同年、米MITメディアラボ客員教授。スタンフォード日本センター研究所長を経て、二〇〇六年から慶應義塾大DMC機構教授。NPO法人CANVAS副理事長。国際IT財団専務理事を兼務。著書に『デジタルのおもちゃ箱』など。

――ニューメディアの流れを、郵政省に在籍した立場からどう総括していますか？

「放送や通信についての政策の基本は、格差是正を目的としたインフラ整備でした。たとえば、難視聴世帯の解消や民放の一県四局化、携帯電話用の鉄塔整備などです。新しくはない枯れた技術を広く分配するという姿勢でした。サービスが中止されたキャプテンシステムをはじめとした官製プロジェクトは、たしかに死屍累々といえるかもしれません。次はハイビジョンだ、ケーブルテレビだ、と行政が産業振興的な発想により決め打ちする格好で取り組んだ経緯もありました。キャプテンシステムとINS、ハイビジョンは、NTTとNHKが開発した技術に、行政が乗っかったものでした。ニューメディアブームは供給者サイドの技術ブームだったともいえます。これに対して、インターネットはユーザー指向でコンテンツ主導型です。ただ、技術志向型のサービスで普及しなかったからといっても、評価は難しい面があります。キャプテンシステムのソフト制作を手がけた業者がインターネットへの対応が早かったとか、アナログハイビジョンの普及はいまひとつだったもののカメラでは派生技術を生んだ、といったプラス面もあるからです」

――かかわった政策について振り返るとどうですか？

「一九八七、八年に放送行政局有線放送課係長だったとき、地上波六チャンネル分の帯域を必要とするMUSE（ミューズ）方式による衛星放送のハイビジョンよりも、ケーブルテレビによる多チャンネルを進めるべきだと考えましたが、省内の議論でうまく説得できませんでした。九三年から始まったケーブルテレビの規制緩和が四～五年遅れたという責任を感じています。九二、三年にいた通信政策局政策課では、課長補佐としてADSLの実験を仕掛けたものの、実現できませんでした。ADSLは普及していますが、これも六～七年遅れたと思います。また、耳が不自由な高齢者や障害者向けの字幕放送の普及や、過疎地での受信拡大をめざした移動体通信用の鉄塔整備は、思い出深い仕事でした」

管理された競争の思想を変えた行政

――省庁の情報政策に変化はないのですか？

「いま盛んに議論されている『放送と通信の融合』について、郵政相の諮問機関である電気通信審議会（現・情報通信審議会）は一九九二年の答申では放送行政への影響が大きいことから、『放送と通信の融合という言葉が聞かれる』との記述にとどまりました。当時、使われていない時間帯に音声や静止画像を送るオフトーク通信があった。有線放送となりうる、放送と通信の融合の先駆けといえたが、郵政大臣の許可が必要という慎重な姿勢に終始し普及しませんでした。ところが、九三年には融合に関する実験に予算がつき、二〇〇五年の答申では、『融合は積極的に推進されるべきである』と書き込まれました。転換点となったのは規制緩和が本格化した九五年前後だったと思います。

かつて行政にとって規制とは『自分たちの資産』であり、それを緩和することは資産を切り売りするような感覚でした。しかし、九四年にレンタルだけだった携帯電話の端末について売り切り制を認めると、価格が低下し加入は急増しました。規制緩和が世の中から評価されるという反応を受け、行政も『管理された競争』の考えを変えたのだと思います。その結果として、携帯電話やADSLの市場が形成されました」

中村伊知哉氏

――情報をめぐる環境が大きく変わりましたが、どう分析していますか？

「インターネットと携帯電話は予想を超える普及によって劇的なコストダウンと便利さが実現しました。個人でホームページやブログを手がける表現者が爆発的に増えました。どこにいても情報を得られ、誰もが発信できる。かつては線引きされていたアマチュアとプロフェッショナルの間にセミプロが大量に発生し、その境界がはっきりしなくなってきています。送り手と受け手が同化しつつあるわけです。携帯は当初ビジネスでの利用が中心と予想されていましたが、ブームを牽引したのは女子高生でした。ユーザーがメディアを引っ張っていく形でした」

タブーを取り払った議論を

――展開されている放送、通信のあり方についての議論に望むことは？

「一九九四年に郵政省の江川（晃正）放送行政局長が『ハイビジョンをアナログからデジタルに転換すべきだ』と発言しました。この発言は撤回されましたが、結果的にデジタルへの流れをつくりました、二〇〇六年一月から始まった竹中懇談会では、タブーをいったん取っ払って議論してほしい。総ざらいの時期に来ていると思う。いま総務省では二〇一一年までの地上デジタル化が課題ですが、テーマとして浮上しているNTTの完全民営化が実現すると、役所として取り組むべき仕事は電波監理ぐらいになってしまう。逆にいえば、懇談会がNHK民営化や放送部門のハード・ソフト分離に踏み込めば、行政として五年、十年の仕事が生まれることになる。実は郵政省での最後の担当は省庁再編でした。郵政省と運輸省の統合という案などがありましたが、自治省、総務庁と一緒になり総務省という形で決着しました。今回、省庁再々編の議論で、総務省と経産省の関連部局に文化庁を加えるといった『情報通信省』構想が取りざたされています。ほかの省庁も含めた大きなシャッフルだったら意味があると思うのですが」

――行政に期待することは何でしょうか？

「アメリカのブロードバンド政策は失敗した、と見ています。その結果、一九八四年にAT&Tが分割されてできた七つの地域電話会社であるベビーベルの力をつける方針に戻ったようです。ただ、アメリカは一敗地にまみれたあとの立ち直りがうまいので、今後も注目する必要があるでしょう。一方、日本はADSLなどの安い定額料金制が当たり、ブロードバンドのインフラ整備がうまくいきました。GDPに占める放送局の売り上げがアメリカやフランス、ドイツなどより高いという特徴もある。現状はいいポジションにあります。また、ティーンエージャーが遊びの要素を盛り込みながら携帯電話でギャル文字や絵文字を編み出すコミュニケーション能力も発揮したわけです。行政はインフラやルールの整備に徹すればいい、という考え方があります。しかし、私は今後、日本が次のメディアを提案し引っ張っていく元気さがあっていいんじゃないか、と考えています」

インターネット基幹時代は続く

上武大大学院教授　池田《いけだ》 信夫《のぶお》

一九七八年、NHK入局。報道番組の制作などを担当し、九三年に退職。九七年、国際大グローバル・コミュニケーション・センター(GLOCOM)助教授。二〇〇〇年、同教授。〇一年、経済産業研究所上席研究員。〇五年から須磨国際学園・情報通信研究所研究理事。〇七年から上武大大学院教授。近著に『電波利権』。

――ここ二十年間に登場した新しいメディアを振り返っていただくと。

「インターネットやNHKのBSなどを除き、成功したものはほとんどない。テレビは強い地位を保ったが、データ放送などの類似したサービスはことごとく失敗した。これまでの延長線上で考えてもうまくいかないということだ。一九六〇年代まではとても貴重だった放送免許が、八〇年代以降は失敗するためのパスポートみたいになってしまった。一県四波の地方民放の経営が苦しいことからわかるように、電波がむしろ重荷になっているケースが出てきている。新聞の地方紙は一県に一紙がふつうなのだから、四局はもともと多すぎる。それなのに、電波をもっていればもうかるという成功体験から抜け切れていない。そもそも役所のビジョン行政が当たったためしなんてない。BSについていえば、一つの衛星でせいぜい二十チャンネルしかない。CSに比べ、利用効率がはるかに低い。本来は多チャンネルを誇るCSデジタルのスカパーが本流でないとおかしい。世界的にも、衛星の主流はCSになっていることから、BS優位の日本は特殊だ」

ADSLへの参入で風穴あけたソフトバンク

――そうした日本の現実は、予想された展開だったのでしょうか？

「ニューメディアブームが起こった一九八〇年代半ば、放送局側では『将来は巨大な資本をもったNTTなどの通信業界にのみ込まれるのではないか』という危機感が強かった。NHK内部にもこうした脅威論があった。ところが、この見方は間違いだった。カギを握るのは、伝送路のインフラではなくて、番組であることがわかったからだ。一方、通信の世界で、ADSLがこれほど普及するとは誰も思っていなかった。二〇〇一年にヤフーBBが果敢に始めたADSL事業については、アメリカでも驚きの目で見られていた。ソフトバンクが風穴を開けた結果として、アメリカを超えるブロードバンド環境ができた、といえる」

――メディア環境が変わってきた背景に、何があったのでしょうか？

「ＮＨＫがハイビジョンを開発したように、技術者は高くていいものを手がけたがる。これに対して、インターネットで共通に使われている通信手順であるＩＰ（インターネットプロトコル）は、安いかわりに完全には保証しない『ベストエフォート（最善の努力）』の発想に立っている。ＮＴＴは通信の安定性からＡＤＳＬに難色を示しＩＳＤＮにこだわったが、思い通りにはいかなかった。時代は、生産者の都合で製品を押し込む『プロダクトアウト』から、消費者の視点に立って商品を提供する『マーケットイン』に移った。これが後戻りすることはない。デジタルの画像圧縮方式であるＭＰＥＧ２も、画質がいいというわけではなかった。良いものを作りさえすればいい、という流儀は通らず、インターネット時代は続くと考える。ＢＳデジタル局がデータ放送を始めるとき、インターネットの標準書式であるＨＴＭＬではなく、ＢＭＬという方式を採用した。インターネットとの互換性を重視せず、ＢＳデジタルの視聴者を囲い込もうとしたが、利用者が増えず、データ放送の会社は次々につぶれている」

池田信夫氏

独立行政委員会に変えるべきだ

――放送と通信の今後のあり方の議論が活発ですが、どのような考えですか？

「放送と通信をバラバラで規制したのが間違いだった。インターネット時代には、放送と通信を区別できない。区別しようとすれば、光ファイバーやＡＤＳＬをつかうＩＰマルチキャスト放送が、放送なのか通信なのかというへんてこな議論になっている。ゼロベースで見直すべき時期に来ている。放送局は、コストがかからない『ハード（電波送出）とソフト（番組制作）の分離』に踏み切るべきだ、と考える。議論されているインターネットを使うＩＰマルチキャスト放送の著作権については、許諾をとらずに放送できるようにし、後に権利者団体に一括して払う強制許諾の方式にすべきだ。そうしなければ、著作権処理の作業が膨大なものになってしまう。また、行政のあり方も変えていかなければいけない。私が調べたところでは、先進国を中心に三十カ国が加盟する国際機関・ＯＥＣＤ（経済協力開発機構）の中で、放送・通信行政が独立行政委員会でないのは、日本とトルコとポーランドの三カ国だけだった。振興と規制を同じ役所が手がけるというのは、コーチがレフェリーをするようなもので信用できない。言論の自由を侵す恐れもあり、日本でも独立行政委員会に変えるべきだ」

――竹中総務相の私的懇談会「通信と放送の在り方に関する懇談会」の議論については？

「〇六年一月二十三日にあった二回目の会合のあと、公共放送は必要という点で一致した、という表明があった。ＮＨＫの波の数を一つ減らすとか、二つ減らすとかいったことが焦点となりかねないが、もっと本質的な検討を望みたい。ＮＨＫについては、スポーツや娯楽番組の放送は株式会社にして行うべきだと考える。報道や教育はコマーシャルベースに乗りにくいのは確か。ただ、教育テレビの平均視聴率は一％に達しておらず、空中波で流す意味がない。ＮＨＫが二〇〇七年度から始めたいといっているサーバー型放送でファイル転送すればいい。また、世界の放送局で大規模な技術研究所をもっているのはNHKだけだ。八百屋が売り物のキャベツの研究をしても仕方がない。番組の品ぞろえをどうすればいいか、を考えることに専念すればいい。NHK内部に放送技術研究所を存続させる理由が見当たらない」

――今後、成功するメディアを占うとすれば、どうでしょうか？

「何が成功するかはわからないが、IPを使わないものは成功しない、とはいえる。IPより効率的なものは見当たらない。今後、二〇年ぐらいは基幹的なインフラであり続けるのではないか。あと十年ぐらいで、放送の業態はなくなるのではないか、という気がする。それより前に、二〇一一年七月二十四日にテレビ地上波のアナログを停波し、デジタル化を完了させることになっているが、本当に停波できるのか。アナログのテレビしか持たない視聴者がどうしても残る。それでもなお、アナログのサービスを打ち切れるのか。私は疑問に思っている」

富の原理ではなく智の原理で

多摩大情報社会学研究所所長 公文《くもん》 俊平《しゅんぺい》

一九六七年、東京大教養学部助教授、七八年、同教授に就任。九〇年、国際大教授となり、二〇〇四年から多摩大情報社会学研究所所長。八〇年に「文明としてのイエ社会」で尾高賞、九五年にテレコム社会科学賞を受賞。専攻は社会情報論。著書に『情報文明論』(NTT出版)など。

――ニューメディアの普及予測と実際のずれは、どのような原因で起こったのでしょうか?

「一般的に一九五〇~六〇年代の政府の計画は、政府投資の上限設定と民間企業の暴走抑止が大きな目的だったので、数字が控えめだった。ところが、八〇、九〇年代になると、ニューメディアの様々な事業は政府主導によるものが多く、結果的に予測の数字が過大となって外れてしまった。どのみち、予測をきれいに的中させることは難しい。これからは、政府と民間が議論して決めていくというコラボレーション(共働作業)が欠かせない」

米国の失敗と日本の追い上げで逆転

――ITの進展をどう分析していますか?

「政府のIT戦略本部が二〇〇〇年に策定した『e-Japan戦略』は、インターネットで先行するアメリカに追いつき、追い越せという時期につくられ、『五年以内に世界最先端のIT国家を目指す』という目標を立てたのだった。アメリカの場合、大手のISP(インターネット・サービス・プロバイダー)となった地域電話会社などが、ネットワーク要素を分割して競争相手に提供するという新通信法の規定に不満で、訴訟を繰り返した結果、ブロードバンド化はうまく進まなかった。日本では、NTTなどがやみくもに独占しようとせず、ソフトバンクの参入の影響もあって、二〇〇二、三年ごろにはブロードバンドではアメリカを抜き去ることができた。総務省の競争促進策もあり、官民共働の成果があった。だが、その後の『e‐Japan重点計画』や二〇〇五年の『u‐Japan構想』では、ブロードバンドの活用に重点が移り、やや目標がぼやけてきている。最近、アメリカでは二〇一〇年ごろを念頭に置いた次世代インターネットに向け、設計思想の抜本的な改善が必要といった議論が始まり、全米科学財団が支援を表明している。これに対し、日本ではこうした発想は希薄なようだ」

公文俊平氏

――インターネットの広がり方は予想どおりだったのでしょうか？

「一九九二年に商用化に移行したインターネットは、もともと善意の人間が助け合って情報や知識を通有するオープンなネットワークとして始まった。ところが、あこぎな商売に使われたり、ときには犯罪に利用されたりして、今では変質してしまってきている。海賊版ソフトの流通を防ぐため、本来すばらしい技術であるP2Pにきびしい制約が課せられている。この四、五年、大企業にしても科学者にしても、仲間内の閉じたネットワークを志向するようになっている。

また、イデオロギーにとらわれない自由さが看板だったのに、疑問を感じざるを得ない事態が起きている。マイクロソフトもグーグルも、中国政府の意向を受け入れて、インターネット上の検閲に協力したうえで中国に進出することになった。世界最大のマーケットとはいえ、政府の規制を受け入れ、中国語サイトで特定の言葉を使えなかったり、当局が禁止するサイトを検索結果に表示しなかったりするのは、当初は考えられなかったことだ」

――ほかにも懸念していることは？

「この二、三年、スパム（迷惑）メールやウィルスなどの被害が急速に拡大していることだ。かつてのインターネットの課題は、速く確実に接続できることだった。この点はかなり達成されたが、予想もしなかったセキュリティー面問題への対処が大きな課題となってしまった。私自身、ものすごい数の迷惑メールが送られてきたことから、防止策として、メールアドレスを変えたりしている。不愉快なのは、私のアドレスから発信されているような形の迷惑メールがばらまかれたことだった。アドレスを公開しないことが多少とも防止策になると考え、最近では、名刺にもアドレスを印刷しないようにしている。インターネット上の匿名性についてしばしば議論されている。匿名性を完全に否定するのは問題だと思うが、すべて匿名となると相互の信頼や評価が困難になってしまう。原則的には実名主義がいいだろう」

行動に影響を与えるものが変わった

――メディアの送り手の課題とは何でしょう？

「情報は本来、パブリックに通有され、例外として著作権による保護を短期間に限って認める、とすべきではないか。蓄積された放送番組や新聞記事は著作権があるため、無料でのコピーや検索ができない。その一方で、ユーザーの知的水準は上がってきている。たとえば、ゲームソフトは一週間もすれば、ゲームデザイナーが考えていなかったような裏技が発見されたりする。作り手の一方的な提案は受け入れられなくなりつつある。出版社や映画会社が大量の広告を出したからといって、ベストセラーやヒット映画が出る時代ではない。『電車男』のベストセラーのように、仲間内やネット上の評判に影響を受けるケースが目立ってきている。人の行動に影響を与える要因が変わってきているのだ。ブログも、インターネットができたときには予想されていなかった使われ方といえる。これからはより有力な表現手段になるのではないか」

――インターネットのあるべき姿についてどう考えていますか？

「インターネットは玉石混交かもしれないが、公開されている情報はふるいにかけられる。誰もが編集に参加できる百科事典のウィキペディアでは、誤った記述が見つかればさっさと消されてしまう。公正中立なものしか生き残れない仕組みになっている。イギリスの産業革命が起こったときも、資本家は近視眼的な利益を求めて行動したにすぎなかったのに、アダム・スミスのいう『見えざる手』が働いて、需給のバランスや経済発展という形での産業社会の秩序が形成されていった。個々人がローカルな関心で行動する結果として、全体社会の秩序が『創発』されてくるわけだが、このことはインターネットにも当てはまる。インターネットは、誰もが参加できて、自由なコミュニケーションとコラボレーションによって人々の生活を支える仕組みとして誕生した。今後も、富の原理ではなく、智《ち》の原理によって、運営されていってほしいものだ。そのような営利をめざさない社会的活動を支援するビジネスの出現こそが、いま求められている」

――テレビのありようについても変わってきて

いるわけでしょうか？

「電波が希少という見方は、デジタル時代には崩壊する。電波も紙も、希少性という点での区別はなくなる。放送の公共性をめぐる環境が変わったのだ。ＮＨＫは、受信料を取る根拠として、民放にはできない公共性の高い番組を制作し提供することをあげてきた。しかし、たとえば紙を使う新聞について『ＮＨＫ型の公共新聞をつくれ』という声はついぞ聞かない。電波を占有し受信料を取って放送する時代は終わったのだ。」

ニューメディアは幻想だった

早稲田大教授　花田《はなだ》　達朗《たつろう》

一九九二年、東京大社会情報研究所（旧・新聞研究所）助教授に就任。九五年から教授。二〇〇三年から同所長、〇四年から大学院情報学環長、学際情報学府長。〇六年から早稲田大教育・総合学術院教授。専門はメディア研究、社会学。著書に『メディアと公共圏のポリティクス』など。

――一九九三年の共著書『メディアの現在形』で「ニューメディアそのものは十分に普及しなくても、ニューメディアの幻想は十分に普及した」と書かれました。

「ニューメディアによって社会問題が解決されバラ色の未来がやってくるかのような言い方がさ

れてきた。ところが、社会問題はそのままで、導入の理由付けだけがモデルチェンジされてきたので、幻想だ、と指摘した。当事者はむしろ、経済的利益や産業振興のために必要だ、と本音をいえば良かったのかもしれない。さまざまな規制緩和策についても、資本活動のための政策であって、問題解決に貢献し市民社会の主導権を引き出すためのものとはいえなかった。たとえば、当初は地域情報メディアとして称揚されていたケーブルテレビが、衛星の出現で多チャンネルを供給される仕組みができると、都市型ケーブルテレビに急旋回した。『地域密着』のスローガンが、『多チャンネル化』の実利に席を譲った格好だった。こうした見解は、いまも変わっていない」

花田達郎氏

——一九九九年には「地域の情報化は大きな成果をあげることができないまま推移した」「多チャンネル化は内容の質的に類似したものの多数化だった」と指摘されています。

「八〇年代以降のテレトピア構想やニューメディア・コミュニティ構想など情報流通の活発化をねらいとした地域情報化構想は、社会的目標を掲げて問題解決型の政策を装いながら、問題は解決されてこなかった。『地域活性化』や『価値観の多様化』といった報告書の序章によく登場する、誰からも反対されず異論が出にくい言葉で理論武装したが、現時点ではモデル自体が変わってきている。郵政省や通産省、NHK、民放、NTTといった政策のプレーヤーは、政策プロセスの中で自身の組織のあり方とかかわってくることが多かったが、プレーヤーの短期的な利益や組織温存の意識によって発言内容が変わるという問題もあった。また、多チャンネル化は放っておけば多数化にしかならなかった。質的に多様にするのであれば、市場に委ねるだけでなく人為的な努力が必要で、制度面からの保障や支援が欠かせない。現実には、マイノリティーを含めて立場を異にする多くの価値観が競合する広場にはなっていない」

消えつつある行政とメディアの縦割り

──具体的にはどのような施策が必要と考えますか?

「ケーブルテレビで市民が番組を制作するパブリック・アクセス・チャンネルを本気で導入しようとすれば、キャッチフレーズやかけ声だけでは続かない。仕掛けが必要だ。ドイツでは、市民大学でビデオの操作の仕方など番組作りのノウハウを教えるといった市民参加の条件づくりをしている」

──行政側に変化は見られませんか?

「一九七〇年代ごろまでは縦割り行政のもと、郵政省が放送と通信事業、通産省が通信機器とコンピューターといったすみ分けをしていた。メディアも縦割りで、放送局は放送法といったように個別メディアごとの体制になっていた。メディアごとに内容生産と分配網、消費点のルートが一貫していて、ハード(技術的設備)とソフト(内容物)が一致していた。ところが、七〇年代後半に登場した双方向型ケーブルテレビでは、郵政省が東京都多摩市のCCISを、通産省が奈良県生駒市のHi‐OVISをそれぞれ支援するといった領域争いが始まった。さらに、八五年の電電公社民営化や電気通信市場の自由化で、放送と通信の境界が重なり始めた。新規参入の通信衛星事業者の通信衛星で放送番組を分配するようなケースだ。さらにインターネットが登場したことで、放送と通信とコンピューターの融合が加速し、第二段階に入った。情報流通のプロセスが断片化し、それぞれに事業者がいて、全体が複雑となり、かつてのように行政がシステムや市場を制御することが難しくなった。インターネットは、ハードとソフトの分離を徹底させていく存在だ」

公共放送制度を守るために別の手法があるはず

――竹中総務相の私的懇談会などで議論されている「放送と通信の融合」についてどのように考えていますか？

「通信と放送では特性がちがう。通信は内容に関与せず、コミュニケーションのための手段だ。一方、放送は内容の生産と伝播だ。だから、同列で論じるべきではない。競争によって通信の市場の透明性が高まるのはいいことだと思う。しかし、放送はものの見方や世論にかかわるジャーナリズム機能をもっている。竹中懇談会を見ていると、放送の公共性などについて営々と過去に行なわれた議論の蓄積をすっ飛ばして、このテーマの歴史性を無視してしまっている。小さな政府を言うのであれば、それが単に市場の大きさだけを意味するのではなく、大きな市民社会の意味でもなければならない」

――NHK改革の議論についての見解は？

「国家行政からも経済市場からも自律した公共放送制度の仕組みは、日本の民主主義にとって不可欠だ。公共サービス放送の理念の存在理由が薄らいできたとは思えない。行政や政党の影響から独立し、商業化の流れから自律しないといけない。現状ではむしろ、市場からの圧力が高まっているように映る。ただ、いまのNHKはそのような環境圧力の被害者だけとは言えず、NHK自体に問題があるのは明らか。政治との癒着が指摘され、『権力チェック機能』は弱い。私は、公共放送制度を守ることと、NHKを守ることは別だ、と考える。仮にNHKがダメなら、別の公共放送組織をつくればいい。NHKがダメだから公共放送をやめて民営化する、あるいはスクランブルをかけて有料化しようというのでは、たらいの水と一緒に赤子を流すようなものだ」

――では、具体的な提言があれば。

「NHKのチャンネル数が多すぎるという意見がある。総合テレビと衛星第一、衛星第二で番組をやり取りしていることからわかるように、視聴者のマーケットが一つだから、こうした意見が出てくる。ここでも多チャンネル化しているわけで、異質なものがない。本来やるべき公共サービスとして、一チャンネルをパブリック・アクセス・チャンネルに切り替えるといった構想力があれば、いくらでも手法があるはずだ。ドイツの場合、各州ごとの放送局の連合体であるARDと全国放送であるZDFという二つの公共放送がある。公共放送の担い手は一つだけに限ることはない」

――これまでのNHKのありようについては？

「NHKが衛星放送を実施した錦の御旗は、離島など難視聴世帯の解消にあった。国策としての国産ロケット開発の側面支援という面もあった。ただ、本当は白黒テレビ料金とは別のカラーテレビ料金を設けて増収に成功したことにならい、衛星放送付加料金によってその再来をねらったものだった。ハイビジョンの開発についても、高画質が錦の御旗で、それに巨額の費用をかけたわけだが、新たなハイビジョン付加料金を想定していたのではないか。受信料から莫大な開発費を払わなければなかったのか、疑問に感じる。そのような成長のシナリオ、正当性の調達には無理がある」

る。職員の不祥事に端を発する不払いの広がりの根底に、「受信料を払うに値する番組が少ない」という視聴者の評価が横たわっているという見解が少なくない。

多チャンネル時代を迎え、これまで以上の番組が電波に乗るようになったのに、かつての人気番組のリニューアルやマンガを原作としたドラマが目につき、新しい地平を切り開く番組がなかなか見当たらないのはなぜなのか。ニューメディア、新技術の登場が、番組の革新に直結しなかった原因は何だったのか。

誰もが考えつかなかったテーマ、手あかのついていない表現方法、取材が困難なテーマに挑戦し、テレビの世界で足跡を残した三人のディレクターに、それぞれの「番組制作」の作法を聞いた。ベテランの三人はテレビ放送が始まってから数年後に入社した「テレビ第二世代」と位置づけられている。

【三人のベテランディレクターが語る番組論】

ゴールデンタイムにチャンネルをあわせると、民放のテレビ局は人気お笑いタレントを並べたバラエティー番組ばかり。ニュース番組やワイドショーでは、視聴率を稼ぐ事件・事故が重視される。民放キー局のひとつであるテレビ東京の菅谷定彦社長(現・会長)は二〇〇六年六月の定例記者会見で、「テレビは荒廃している。報道する必要以上に、同じ映像を四十回も五十回も繰り返す。秋田の(連続児童殺害)事件ではあまりにも延々とやりすぎていた」と語ったほどだ。

一方、視聴者が公共放送の運営を支え合うという性格をもつNHK受信料にも逆風が吹いていてい

テレビの特性を追求、既存の枠組み超える

テレビマンユニオン取締役副会長　今野《こんの》　勉《つとむ》

一九三六年、秋田県生まれ。北海道育ち。東北大文学部卒。五九年、TBS入社。七〇年に退社し、テレビマンユニオン創立に参加。ドラマ「土曜と月曜の間」でイタリア賞、NHKスペシャル「こころの王国〜童謡詩人・金子みすゞの世界」（九五年）で芸術選奨文部大臣賞を受賞。テレビの脚本や舞台の演出も手がけ、九八年の長野冬季五輪で開・閉会式のプロデューサーをつとめた。

一九六九年に出版された萩元晴彦、村木良彦両氏との共著『お前はただの現在にすぎない』（田畑書店）は、いまも輝きを失わない革新的なテレビ論だった。テレビの本質は同時性、連続性、中継性にある、と喝破したのだった。[1]

「テレビの特質についての考え方はいまも変わりません。そうした特徴を生かしたドラマやドキュメンタリーを作ろうとしてきました。やらせがあまり話題にされていなかった昔は、ドキュメンタリーに視聴者が素朴に感動できました。しかし、時代とともに作り手や視聴者の番組に対する考え方は変わってくるものです」

七〇年から始まったドキュメンタリー「遠くへ行きたい」（読売テレビ）ではディレクターとして四十本ほど制作した。新しい形の旅番組を提示し、定着させた。

「『遠くへ行きたい』は撮影と録音を同時に行なった先駆けでした。従来の紀行番組とは、撮る側と撮られる側の関係を変えました。撮る側が客観性を装ってうしろに隠れ、主語のないナレーションで説明するのではなく、旅人である永六輔さん

とカメラマンがどういう関係にあるのかを視聴者に明示したのです。例えば、永さんが日本海に面した海岸で『不審者に注意』の看板を説明したあと、いきなり雪玉をカメラのレンズにぶつけて逃げだしたのでした。私はすぐに、永さんは不審者になったつもりでカメラマンを目撃者と見たてて逃げだしたのだと了解し、カメラマンに永さんをそのまま追跡するよう指示したのでした。永さんはカメラマンを姿の見えない第三者としてではな

今野　勉氏

く、自分を撮っている生身の人間として扱ったのであり、私たちスタッフも即座に応えたのでした。永さんがすごいのは、ドキュメンタリーはそういうものだ、と本能的に知っていたことです」

中継性へのこだわりは初期の作品からうかがえる。ドキュメンタリードラマという分野を切り開いた七五年の「欧州から愛をこめて」(日本テレビ)では、第二次世界大戦末期のスイスを舞台としたドラマに、実況中継役の伊丹十三さんを登場させた。当時まだ一台しかなかったという池上通信機のハンディビデオカメラを使い、海外でビデオ収録をした。新しい機材によって新たな表現方法を開拓していった。

「『私は貝になりたい』を手がけた岡本愛彦さんを尊敬しつつも、その作品について『ヒューマニズム万能主義だ』と批判したのは我々の世代でした。アシスタントディレクター(AD)だった入社翌年の六〇年に同期の六人で始めた同人誌『dA

（ダー）』で、シナリオやエッセーを発表したりドラマ評を載せたりしました。ＴＢＳ入社六年目の六四年に演出したドラマ『土曜と月曜の間』で、東京五輪の開会式に向かう聖火リレーを国立競技場前で無許可撮影し、ドラマに織り込みました。映画のネオリアリズムに影響を受け、フィクションにドキュメンタリータッチを取り入れたのです。ドキュメンタリーにドラマを継ぎ足すのではなく、同じ場面に混在させる手法は『欧州から愛をこめて』が国内では初めてでした。ベルリンに駐在していた第二次世界大戦末期の海軍武官を演じた主演の仲代達矢さんが、ドラマの中で実際の当事者と共演し会話する場面を作りました。実況中継というテレビ独自の方法を盛り込んだ作品だけに、実況中継にふさわしいビデオの画質にこだわってハンディビデオカメラを欧州に持ち込みました。機材が故障する危険を冒してまでも、いま起きている感覚、臨場感を表現したかったのです。

放送後、ＮＨＫの技術陣から『どうやって撮ったのか』と問い合わせがありました。七三年のドキュメンタリー『天皇の世紀』（朝日放送）はフィルムでしたが、その時から現場主義をとりました。幕末当時屋敷のあった所でいまは国道となっている現場に座布団を置き、坂本龍馬役を座らせました。テレビマンユニオンは七〇年に制作会社として発足したとき、貸しスタジオはありませんでした。このため、屋外でＴＢＳから借り受けた中継車を利用するか、フィルムで撮るしかありませんでした。こうした制約があったため、ハンディビデオカメラを日本で最も早く使い出したのはテレビマンユニオンでした。多くのテレビ局が導入するようになったのは、七四年に来日したフォード大統領に随行した米国の放送局の取材陣がニュース取材システムであるＥＮＧ[2]で日本製のハンディビデオカメラを目の当たりにしたからです。フィルムのように現像する手間なしですぐに編集できるビデオを逆輸入したのです。こうした経緯から、ハンディビデオカメラがシステム名をとってENGカメラと呼ばれるようになったのです」

ドラマは長くて一時間だった七七年。初の三時間ドラマ「海は甦える」(TBS)で演出に起用された。江藤淳の原作をもとに、明治時代に海軍の基礎を築いた山本権兵衛の生涯と日露戦争を取り上げるという民放として思い切った企画だった。

「TBS時代に四十本ほど作った一時間ドラマの『七人の刑事』の手法は使えませんでした。どんなテンポで撮ったらいいのか、わからなくてねえ。ゆっくりすると飽きられるし、早いとくたびれる。長まわしのカットがあったり短いフラッシュバックがあったりする民放のドラマではなく、NHKのテンポがいいのではと考え、朝から晩まで見てワンカットの尺を計ったりしましたね。『海は甦える』は日本近代史の難しい話だったこともあり、スポンサーの日立製作所は『視聴率は一〇%ちょっとあればいい』と言っていました。午後九時からの放送で、結果は予想外の二八・五%でした。私は手がける番組で謎を発見すると、がぜん興奮するのです。『海は甦える』では、権兵衛の妻トキが謎でした。権兵衛の伝記には『新潟の漁村の娘』と一行しか書いていませんでした。調べてみると、生まれたのは海の近くではありませんでした。湿地帯で洪水によく見舞われる半農半漁の貧しい開拓地で、入植者が一向宗の人たちだったので生まれた子どもを間引きせずに育て、女の子は大きくなると仕方なく売られていったのです。トキはそんなひとりだったのです。森鴎外の一生を描いた七八年の『獅子のごとく』(TBS)でも、ドイツ留学時代の恋人像などを残された金属板のモノグラムなどから割り出しました。童謡詩人・金子みすゞを取り上げた『こころの王国』も、病死が定説だったみすゞの父の死因を否定することで、美談が大きく変わりました。謎解きに魅せられたきっかけは、『七人の刑事』のとき脚本家らと犯罪研究会をつくり、実際の犯罪には新聞に書かれていない事実があると知らされたことです」

歴史的な謎解きは、ドキュメンタリー作品に結実する。日米開戦から五十年後の九一年に放送された「真珠湾奇襲～ルーズベルトは知っていたか」(日本テレビ)では、日本の先制攻撃を米国は予期していたという説を検証した。

「この問題に関心を抱いたのは、真珠湾攻撃を受けたハワイの人々が教会から逃げるシーンのカラーフィルムを見たことでした。このフィルムは映画監督のジョン・フォードが攻撃の直後に再現して撮影したドキュメンタリーだったのがわかったのですが、その後も調べを続けました。間接証言では誤りが少なくないので、一次史料にこだわりました。誰もが入手したいと思っても出来なかった決定的な史料は、植民地だったインドネシアでの情報を得ていたオランダの戦史室にありました。『日本の奇襲攻撃を弁護するつもりはない』と説明し、現地の歴史学者の紹介で原資料にあたることができました。調べ始めてから十五年、オランダやインドネシア、アメリカには何回も訪れ、数千万円は投じたでしょうか。歴史の最も肝心なことには空白があり、そこに本質が隠れているものです」

BSやCSの出現によって八〇年代に多チャンネル化が進んだ。制作会社のディレクターとして新機軸の番組を作り続けた立場からは、そう見てきたのだろう。

「テレビは広範囲の伝達性がある半面、技術的な制約からチャンネルをたくさん取れませんでした。このため、多様性の観点からみると、レベルが低い段階にありました。CSの登場によって、日本でも三百チャンネルが実現しました。とはいえ、出版社が三百しかない社会は遅れた国といわれるはずです。CSの一チャンネル分の運営費は年間五～十億円かかり、有料チャンネルなら契約者が何万人もいないと維持できません。せめてこの費用が十分の一にならないと、放送の多様性は広がらないでしょう。私は将棋が好きなので、囲碁・将棋チャンネルをよく見るのですが、本当は将棋専門のチャンネルが欲しいのですよ。ですから、チャンネルはまだまだ少ない、と思います。一方、いまの地上波は騒々しい。同居しているカミさんの母も、『地上波はアナウンサーのしゃべり方や画面の切り替えでくたびれる』と言うのですね。五十歳以上は主たるターゲットにしないという民放の営業の尺度に沿って、若者向けの番組が中心となってしまいました。BSも視聴者を集めないといけないので、地上波に近づいてきています。BSデジタルの双方向性といったって、わざわざボタンを押すような面倒くさいことを視聴者はやりたがりませんよ。最近、私がよく見るのはNHKのハイビジョンチャンネルの番組です。あるテーマについて二時間くらいゆっくりとしたテンポで取り上げています。少数しか見ない番組もテレビには必要なのです」

かまびすしいテレビ批判のなか、先駆者世代としてこれからのテレビに望むことは何だろうか。

「地上波はいかにマジョリティーをひきつけるかという熾烈な戦いの場です。一千万人、二千万人とテレビの視聴者が増えるにつれて番組が大衆志向となり、より刺激を強める結果、低俗化の批判が起きるのは必然的ともいえます。テレビをつけている視聴者の比率を示すセット・イン・ユースがこのところ落ちてきています。東京では夜、芝居小屋や音楽会に人が足を運び、いろんなパーティーが開かれています。こうした結果、テレビの視聴者が減っているとしたら、社会全体として悪いことではないし、テレビ局だけの責任ともいえません。〇五年まで武蔵野美大の映像学科で教えていたのですが、新入生はテレビの世界にはほとんど関心を持っていませんでした。似た専攻のある他大学の学生もテレビに対する興味が減っている、と聞きます。せっかくの多チャンネル時代なのですから、マジョリティー向けの番組だけではなく、いかにマイノリティー向けの番組を充実していけるかということが、これからのテレビの課題でしょうね。最近、映画の脚本を書きました。実はＴＢＳ時代に匿名で『裸虫』という青春ものの映画監督を務めたことがあり、四十二年ぶりの映画の仕事でした。公開の日程はまだ決まっていません。いまの邦画界は自由な活気に満ちあふれていますね。テレビの初期の頃に似ていますよ」

【注】

（1）『お前はただの現在にすぎない』では、「テレビは時間である。移り変りゆくそのこと。終りのなさ。テレビは現在である。あと戻りのなさ。予定調和のなさ。整序の拒否。視る人・視られる人同士の、超空間での〈時間の共有〉」と記されている。

（2）「Electronic News Gathering」の略。

思い詰めて獲得できた方法論

ドキュメンタリーディレクター　相田《あいだ》　洋《ゆたか》

一九三六年、旧朝鮮全羅北道（現・韓国）生まれ。早稲田大法学部卒。六〇年、ＮＨＫ入局。九九年に退職。慶応義塾大教授を経て二〇〇一年からフリーに。他の作品として、ある人生「親子鼓」、ＮＨＫ特集「昭和の誕生」、ＮＨＫスペシャル「新・電子立国」など。九一年放送文化基金個人賞、九二年芸術選奨文部大臣賞、九六年日本記者クラブ賞、二〇〇〇年紫綬褒章。

南米への移住者とその後を追った「乗船名簿ＡＲ二九」（一九六八年）の連作、科学的データに基づき恐怖の近未来を示した「核戦争後の地球」（八四年）、半導体産業の勃興を描いた「電子立国・日本の自叙伝」（九〇年）。いずれも、テレビ番組として前例のないテーマ、表現、方法論が提示されてきた。ずっと一線のディレクターとして、親しみやすいと同時に記録性に富む大型のドキュメンタリー番組が生み出し続けられた秘訣は何だったのだろうか。

「自分の方法論を開眼したのは『移住』番組からです。初任地の札幌で作った『四通の呼び出し状』というドキュメンタリーでは、登場人物の再会を設定する手法で劇的な場面を撮影したのでした。東京に転勤し、教育局（現・制作局）のヒューマンドキュメント番組『ある人生』のチームの一員となりました。しかし、自分の書いたシナリオに合わせて撮る手法は挫折します[1]。編集長だった小倉一郎さんから『映画のまねをして、台本を書いた瞬間に出来たような気分になっている』と批判されました。『乗船名簿AR二九』では、あるぜんちな丸という船の中で四十九日間、百三十六人いた南米移住者の個人情報を集めたうえ、船長の航海日誌を読んでアマゾンのベレン港から夢破れて日本へ帰国する人を乗せることを押さえました。無銭ツアーの学生と人生を賭けた青年との飲み会を設定すればぶつかるはずとやってみたのですが、うまくいきませんでした。益子広司カメラマンの助言を得て、状況設定したうえで脇から客観的に撮るのではなく、様々な夢を描く移住者や南米からひっそりと乗り込んだ帰国者へ主体的にインタビ

相田　洋氏

ューする手法に切り替えました。[2]これが転機となり、その後はインタビューが中心となりました。完全な台本を書く方法ではなく、紙二枚ほどのシノプシス(構成表)を用意するだけでスタッフと相談しながら撮影するやり方を取り入れました。地図にたとえるならば、かつては詳細だが全体がわからない二千五百分の一の縮尺を、細部も全体像もある程度わかる五万分の一にしたと言えます。ただ、番組づくりに鉄則はありません。臨機応変にすればいいのです」

取り上げてきた分野は幅広い。番組のテーマをどうやって見つけ、どのように掘り下げてきたのか。

「『移住』をテーマにしようと思ったきっかけは、ブラジル移住の開始六十年を翌年に控え、南米に理想の村を建設しようと一家で乗り込もうと計画していた岩手県の六十八歳の老人に出会ったからです。ただ、賛同者を募ったこの老人が『船の中は竜宮城のような毎日だ』と説明したとき、私はウソだ、と思いました。九歳のとき、北朝鮮との国境に近い旧満州(中国東北部)で終戦を迎えました。八月十五日のお昼ごろ、突然、市街戦が始まった。通りに出てみると、町中が赤旗で真っ赤になっていた。ソ連兵、やがて金日成軍がやって来た。翌四六年九月に引き揚げ命令が出ました。警察官だった父が出征しており、母と弟二人とともに一カ月半歩いて、引き揚げ船で博多に向かいました体験があったので、『竜宮城』は違うと感じたのです。引き揚げ船では、食糧をめぐって取っ組み合いが起こり、寝る場所の奪い合いで口論が絶えなかったのです。父が帰国する翌年までは、食うや食わずの毎日でした。私には、国家に捨てられた、という思いがあります。戦後初期の南米移住は、受け入れ態勢が確立しないままに送り込まれた棄民といえました。また、NHKスペシャルの『電子立国』を手がけたのは、ラジオ作りに熱中した少年時代の日々と、あの貧しい時代からなぜこんなに豊かになれたのかという問いかけがあったからだった、と言えます。(3) 原体験がないと目の前の出来事に反応できないし、自分自身のアンテナの感度が磨かれないのではないでしょうか」

入植後の人生を追い、七八年に「移住一〇年目の乗船名簿」、八八年に「移住二〇年目の乗船名簿」、二〇〇〇年には「移住三一年目の乗船名簿」と、「移民」番組は同じ人々の軌跡をたどる異例の長期シリーズとなった。これまでに制作した番組は約八十本。人間の喜怒哀楽を正面にすえた「ある人生」の系譜を引くドキュメンタリーとは別に、「電子立国」のように情報性が高く視聴者になるほどと納得させる番組群がある。

「八〇年にNHK特集で『石油・知られざる技術帝国』を制作しました。米国のテールランプを追いかけていればいいという時代は終わり、自分の判断でアクセルを踏みブレーキをかけなければいけないという認識のもと、八〇年代に日本が国際経済の中で生きる条件を模索せよ、という命題が堀四志男・放送総局長から与えられていました。エネルギー問題を取材しているとき、日本はすべて石油で回っているんだな、と痛感するとともに、日本がぜいたくをできるようになったのはどうも電機のおかげらしい、とわかってきました。歩いてみると、半導体はあらゆる産業に関係し、すごいドラマに満ちていることがわかり『電子立国』をやってみようと。一日に五十億円を失ったヘッジファンドを取り上げたNHKスペシャル『マネー革命』も、映像として伝えられていない分野でした。新聞ではできず、週刊誌がやらないことを、テレビですることが大事なのです。しかも、私は、お客さんが『なるほど』とヒザを打つように伝えたい。八七年にNHK特集の四部作として放送した『自動車』を、視聴者が少なく番組も不足していたBS（衛星放送）で十二回シリーズで流すことになったとき、映像を紹介しながら私が講釈することにしました。『電子立国』のプロデューサーが『半導体の小難しい話はなかなか見られないから』と、私と三宅民夫アナウンサーの掛け合いで伝える『BS・自動車』のスタイルを取り入れることになりました」

イタリア賞グランプリや芸術祭大賞など六つの賞を獲得したNHK特集「核戦争後の地球」。東京に一メガトンの核弾頭が落とされたらどうなるか、全面核戦争のあと地上はどうなるかを、特撮でリアルに伝えた。映像面のみならず、政治的な反響も巻き起こす衝撃的なドキュメンタリーだった。

「『核戦争後の地球』はもともと、小出五郎チーフディレクター＝現・日本科学技術ジャーナリスト会議会長＝がスウェーデン王立アカデミーの環境雑誌の特集をもとに教育テレビでの座談会を企画していたものです。ところが、『ある人生』グループの先輩で核問題への関心が高かった工藤敏樹・教養科学部長は総合テレビで二回特集することを推進し、私に番組づくりを依頼してきたのです。断るわけにはいかなくなり、この想定ドキュメントに着手しました。制作会社に相談したら、模型ひとつの費用が番組一本もかかるような試算であっさり断念。自力で特撮をする羽目になりました。東京タワーを爆心地に設定し、増上寺や東京プリンスホテルが熱線で溶けて蒸発するイメージをまず考えました。ところが、小出ディレクターは『核弾頭でも熱線で蒸発することはない。ただ、爆心地付近のビルなら衝撃波で吹っ飛ぶ』と言う。ある日、渋谷のホームで電車を待っていたとき、スライドのような広告の壁に高層ビルが写っているのを見てひらめきました。ガラスに転写されたビルの写真をガソリン袋の前に置き、火薬で爆発させたところを秒速二〇〇〇コマの超高速カメラで撮ればいいと。ガラス板の後ろにガソリン袋を置くと、ビルの亀裂と炎上の映像をうまく実現できたのでした。人間がいなくなった廃虚を撮るときには、恐竜時代にも生き残ったゴキブリを段ボールに入れて長崎県の軍艦島に持って行きました。思い詰めてこそ、方法論は見つかるのです」

撮影機材の進歩やニューメディアの進展は、最先端の技術を取り上げることの多い番組制作に影響を与えたのだろうか。

「たしかに、撮影時間の延長、映像と音声の同時収録などの面で、機材の改良は番組づくりに非常に影響を与えました。ただ、ニューメディアには何の関心もありませんでした。コンピューター・グラフィックスについても手触り感がないので、好きではないのです。捏造や歪曲はいけませんが、関係者の了解を得られれば、お客さんの理解を助ける方法であれば、再現をしても構わないと考えてきました。私自身が素人から出発して勉強し番組として作ったテーマについて、お客さんに追体験してもらいたいのです」

「テレビ屋」の職人気質として「金（受信料）を取れる番組づくり」を意識してきた。無差別大量殺戮の全貌に迫った七八年のNHK特集「東京大空襲」の放送後、作家五木寛之さんは週刊誌のコラムで「私は当分、NHKに放送料をさほど腹を立てずに払いつづけるだろう」(4)と綴った。受信料を支払ってこなかった放送ジャーナリストばばこういちさんは「核戦争後の地球」を高く評価し、「今後、集金の人が来宅した場合は無条件に支払うことをまず約束したい」と雑誌に書いた。「マネー革命」を見たなじみのうどん屋さんからは「半年分の受信料を払ってもいい」と言われたことがあったという。番組の根底にある視聴者に対するサービス精神が伝わるのだろう。

「私はドキュメンタリー畑では珍しく管理職にならず、ずっとチーフディレクターとして時間をかけて番組をつくる環境に恵まれました。しかし、NHKは作り手を大事にしない傾向になっているのではないでしょうか。ほどほどにいい番組は作っています。しかし、この一本を見て半年間の受信料を払ってもいいという番組がはたしてあるでしょうか。発見のない説明ばかりの報道番組やワンパターンの人物特集がNHKの番組を悪くした、と思います。月に一、二本お金を払っていいと思わせる番組があれば、不祥事に端を発した不払いも、雪崩を打ったように広がらなかったでしょう。『乗船名簿AR二九』の編集をしていたとき、切り捨てるはずだったギター演奏の音声が、次の映像場面でも思わぬ感情を醸し出すことに気づきました。音声と映像のつなぎ方で別の意味や情感をもたらす手法を体得したのです。私はずっと自分で編集する異端派でしたが、地方局では自らする編集作業を、東京では失敗したときのことを考えてか編集マンに委ねています。番組のほとんどが説明なのですね。テレビは署名性が大事ですが、いまの番組では突き抜けた作り手の思いが伝わってこない。全員が六十点主義に陥っているように映ります。どんなテーマの番組でも、人の胸を打つ『押しどころ』が必要なんですよ。押しどころがなければ、感銘を与えることはできません。NHKの研修所で話すことがあります。聞いてみると、制作職場で『あの映画見た?』とか『この本は良かった』といった仕事にかかわる会話がないらしい。いまプロデューサーの悩みは『ディレクターにやりたいことがないことだ』と耳にします」

【注】

(1) 相田洋『ドキュメンタリー　私の現場』、日本放送出版協会、二〇〇三年。

(2)「ある人生、記録と伝達に生きる。〜ディレクター相田洋の場合〜」、『テレビマンユニオンニュース』五一〇号、一九九三年四月一日、テレビマンユニオン。

（3）相田洋『NHK電子立国　日本の自叙伝』完結巻（日本放送出版協会、一九九二年）のあとがきには、「かつて工藤さんから『君はなぜ技術にこだわるの』と聞かれたことがあった。……工藤さんには『たぶん、エンジニアに対する憧れみたいなものが潜在意識のなかにあるのかもしれない』」と答えた。それを聞いた工藤さんは『結局俺たちは知らず知らずに自分の〈ある人生〉を描いているのかもしれないねえ』と感慨深げだった。そう言われてみれば、国家の原罪を描こうとした『引き揚げ船興安丸の生涯』も、南米移住船あるぜんちな丸の航海を通じて戦後移民の実態を描いた『乗船名簿AR二九』も、どこか自分の原体験が影を落としていた」と記されている。

（4）「深夜草紙」一六九、『週刊朝日』一九七八年三月三十一日号、朝日新聞社。

テレビでは伝わらない絶望

現代センター代表　吉永《よしなが》　春子《はるこ》

一九三一年、広島県生まれ。早稲田大教育学部卒。五五年、ラジオ東京（現・TBS）に入社。「報道特集」プロデューサー、報道制作部長、報道総局専門職局長などを歴任。九一年に退職し、番組制作会社の現代センターを設立し代表に。他の作品に「さすらいの未復員」「現代武器商人を追う」など。著書に『謎の毒薬　推定帝銀事件』（講談社、九六年）ほか。

細菌戦の研究のため中国東北部（旧満州）で人体実験をした旧日本軍七三一部隊の追及、六〇年安保の全学連に対する右翼からの資金提供の暴露、戦後の混乱期に起きた下山事件や松川事件の真相への肉薄……。女性のドキュメンタリー制作者の第一世代として取り組んだ番組は、実像が深い闇に包まれていた作品が並ぶ。帝銀事件を追ううちに七三一部隊に行き着いた。取材に二年間かけ、TBSで一九七五年に「魔の731部隊」を放送した。大学教授などとして暮らす当事者を次々と直撃、人体実験について克明に証言する七三一部隊臨時嘱託だった医師の映像を伝えた。翌七六年の「続・魔の731部隊」を含め八二年まで計四回にわたってこの問題について制作した。

「恐ろしくて、初めは震えながらの取材でした。七三一部隊の幹部らに突撃インタビューを試みては拒否され、逃げられるのが再三でした。神経がズタズタになり、やめようと思いながら取材を続けました。戦争犯罪の追及をしたい、歴史的な事実を確かめたい、といった義務感があったわけではありません。ただ、隠蔽された事実を取り上げずして何がドキュメンタリーか、という気持ちがあったのは確かです。3千人に行なったという人体実験について詳細な資料はなく、当人にぶつけて確認するしかない。視聴者に見せる当時のモノがないわけですから。放送後は、イヤというほど電話がかかってきました。『天誅をお前に下す』というものもありました。[1]『(天誅が)来るものなら、来てみろ』と言い返しました。得も知れぬエネルギーだけで、思慮分別はゼロでしたが。右翼運動をテーマにした番組『菊と日の丸』(七六年)を作ったのも、右傾化が言われ始めていた当時、多くの人が右翼の実態を知った方がいいと思ったからです。怖いもの知らずとも言えますが、放送後の反応を考えれば面倒くさいのはわかったうえのことでした。上の人も、私に何も言わなかった。いい時代だったのかもしれません」

　吉永が手がけた労作が放送されたのは深夜や朝が多かった。民放では、ドキュメンタリーの放送時間が以前から恵まれていたわけではない。ただ、八〇年代になって、テレビ局の変質を感じた、と振り返る。

「フジテレビが八一年に『楽しくなければテレビじゃない』というキャッチコピーを打ち出しました。私自身は、テレビは楽しいのは当たり前で、それに知的好奇心がプラスされると考えているのです。視聴者は決して単純ではない。知らないことを知ろうとする情熱がある。ところが、他の民放も視聴率トップに立ったフジテレビと同じ路線に乗ってしまった。いまや、ゴールデンタイムは芸能人が出演するバラエティーばかりになってしまいました。編成局が番組制作やニュース番組に介入するようになったのも八五年ごろからですね。最近のテレビ番組といわれても、感想はとくにありません。びっくりさせられる番組といえば、英BBCやフランスの海外ドキュメンタリーぐらいです」

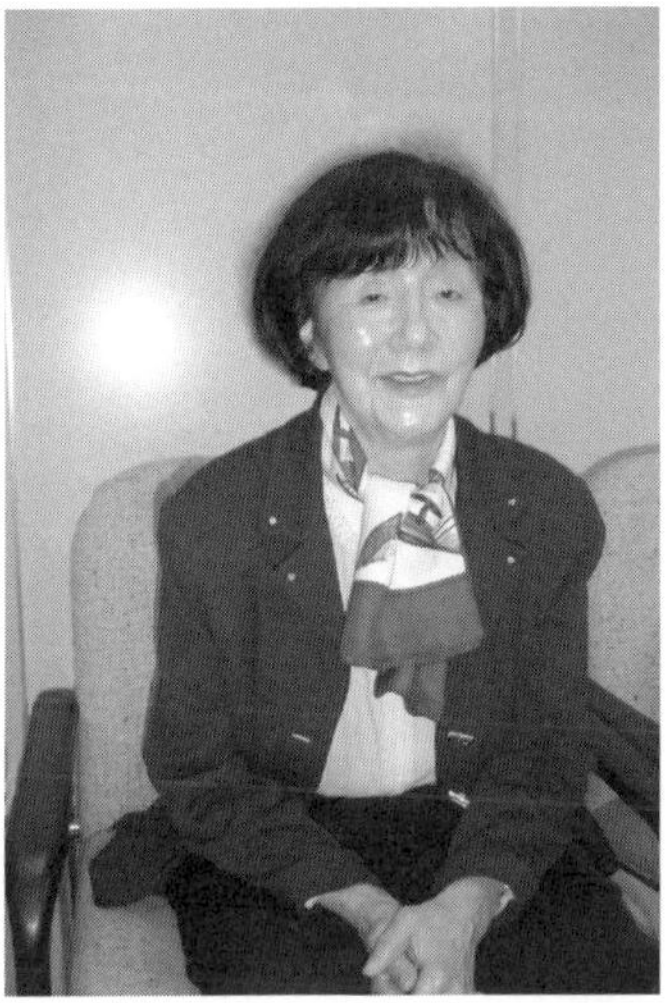
吉永 春子氏

八〇年代半ばのこの時期は、ニューメディアブームが席巻した時代と重なる。

「私自身は、ニューメディアとはほとんどかかわりがありませんでした。ただ、二〇〇〇年に民放のBSデジタル局が開局したとき、ビーエス・アイから開局の半年前から『BSという新しい時代に合った番組を』と発注をいただきました。『21世紀へのキーワード』というシリーズで、米国投資グループの実態を追った『マネー～果てしなき欲望の世界』という番組と、米国の最新兵器をテーマにした『兵器二つの顔~殺戮と快適』を作りました。硬派の長時間番組を手がけられたのはうれしかったのですが、視聴者が少なかったせいか、反応はゼロ。BS民放は宣伝CMがない、制作費も少ない、と大変な状況でしたね。地上波の民放は上場する会社が増え、BS民放などに出資しているせいもあってか、決算内容に大変神経を配るようになってきました。持論をいえば、放送局の経営者が経常利益を競い合うようになったら終わりですよ。今は、一つの大きな転機でしょう。テレビは誰のためにあるのかを忘れたら、大変なことになる。菓子屋があんこ作りの手を抜いたら、誰も食べなくなりますよ。メディアの多角化は新しい時代の到来だ、とみんなが喜ぶはずと考えていたのが、まったく違った。NHKのBSにしても、視聴者を引きつける売り物はメジャーの野球ぐらいではないですか。BSやCSといった新規メディアがなぜ見られていないか。しかし、担当者は大変な苦労を重ねており、今やっと明るい光が見えてきたということです」

七〇年代半ばに導入された映像と音声を同時に収録できるENGカメラは、その機動性でドキュメンタリーの撮影現場に大きな影響を与えた。九〇年代に広がり始めた八ミリカメラや高画質を誇るハイビジョンなど、技術革新はドキュメンタリー番組にどんな恩恵をもたらしたのだろうか。

「三脚を立てたうえにカメラを置いていたときと違って、肩にかつぐカメラとVTRが一体化したENGになってから突撃インタビューなどの生々しい現場で『早く回して』と、カメラマンに指示できるようになりました。ハンディカメラが出てきてからは、どこにでも自然に入っていけるようになっています。その半面、ハンディデジタルカメラは、作り手の気持ちが八、九割そのまま画面に出てしまいます。カメラマンや編集者を経ないからです。引きがない、という危険性があるとも言えます。デジタルハンディカメラがどんどん増えている。編集作業はかつて専門の編集マンが担当していましたが、今ではパソコンでも可能になりました。ディレクター自身が編集作業も容易にできる環境になってきたわけです。技術が進んだいまこそ、制作者にとって、何を伝えるかという原点が一番大事だということがより明確になってきた、と思うのです。ハイビジョンについていえば、自然や旅といったゆったりした流れのドキュメンタリーや映像の美しさを求める番組に向いているでしょう」

いまも、制作会社・現代センターの代表を務めながら、番組制作の一線に立ち続ける。民放に長くいただけに、視聴率の重みは体に刻まれている。そのうえで、これからもドキュメンタリー番組に抱く期待と注文は多い。

「様々な大問題に直面する日本は、岐路に差しかかっています。その実態、現実を見せていかなければいけません。だから、今ほどドキュメンタリー番組が求められている時代はありません。例えば、規制緩和によって派遣労働者は大企業に利益をもたらせながら、希望なく年齢を重ねていっている。こうした状況を、我が身のこととして伝えていくことが必要なのです。実現すれば、視聴者も見たい、と思うはずです。しかし、現実は違う。ディレクターはもっと巧妙でなければならない。さっとかわしながら、芯を暴き出す。それだけのテクニックを身につけるべきだと思う。いま視聴者の多くは先行きの不安におののいています。何故こんなになったのか、どうすればいいのか、それに応えるのがテレビなのです。強い方に身を寄せる今の風潮にマスコミの者までが寄りかかっては終わりです」

〇五年七月一日、東京・四ツ谷で七五、七六年に放送したテレビ番組をビデオ作品として再構成した「魔の７３１部隊」と、ハンセン病患者への隔離政策を取り上げた新作「草津の特別病棟」の上映会を開いた。長年にわたり放送を通じて世に問いかけてきたドキュメンタリー制作者が、少人数の上映会を試みた背景には、テレビへの〝絶望〟が垣間見える。

「いまのテレビでは、どうしても見せたいという番組をなかなか放送できなくなっています。視聴率を取るため、四苦八苦して見やすい番組に仕立てるのです。こうしたことの積み重ねかもしれませんが、最近、テレビ全体の視聴率の低下が言われています。見るべき番組がなくなってしまったからではないでしょうか。ですから、本音の番組を見てもらうには、少人数の会場の上映会しかない、と考えたわけです。そこで、視聴者の意見も聴きたいという思いもありました。上映会は五十人ぐらいと予想していたのですが、八百人がお見えになりました。申し訳なかったですが三百人には帰っていただき、日を改めて上映会を開きました。どうしてでも見たいという人がいる、ということを確認できました。米国における炭疽菌などの生物兵器と七三一部隊とかかわりを問う続編が〇七年夏に完成したので、また上映会を開ければと考えています」

【注】

（1）吉永春子著『七三一　追撃・そのとき幹部達は』（筑摩書房、二〇〇一年）では、デスクにある数台の電話が一斉に音をたてて鳴り始め、三時間半、非難の洪水が襲ってきた、と記している。「お前、戦争が終わって何年たっていると思ってるんだ。今頃戦争中のことをゴタゴタいって、何になるんだ！」「これは重箱の隅をほじくるようなことだ。今は平和な時代なんだ。昔話は止めろ」「お前の名前と顔をしっかり見せろ！」といった内容が目立ったが、電話の洪水も後半になると番組に好意的なものも含まれるようになったという。

あとがき

バラ色に描かれた情報社会の青写真は、なぜ食い違ってしまったのか。当初の注目の大きさと裏腹に、失敗した理由や経緯を突き詰めた記録はほとんど残されていなかった。素朴な疑問がわき起こり釈然としない実態を目の前にして、取材に取りかかったのだった。

一九六〇年代の高度経済成長時代における未来図といえば、技術の進展にもとづく明るさと豊かさに満ちていた。だが、七〇年代の石油ショックを経て、将来の姿が不確実なものに変わった。ただ、とどまることのない「情報化」のもと、「ニューメディア」に対する信仰は八〇年代にも消えなかった。その中で、ニューメディアという名の「裸の王様」の実像を明らかにするため、さまざまな新規メディアの立ち上げにかかわった当事者らにインタビューを重ねた。すでにサービスを終えたキャプテンシステムのある関係者からは「墓を掘り起こすことに何の意味があるのか」と問い返されもした。しかし、この関係者を含め約二百三十人が取材に応じてくれた。

「失敗」には、共通点が見つかった。官庁主導のプロジェクトはほぼ不発に終わった。技術が優先されて機器や利用料が高いものは成功への垣根も高かった。根拠が希薄のうえ大ざっぱなくくり方で出す普及予測はことごとく外れた、といった点だ。新たな成長を期待される「情報」関連産業として注目されたニューメディアは、結果的には高度経済成長再びという時代遅れのコピーにすぎなかった。国の地域情報化政策にも劇的な効果は表れず、財政の悪化から尻すぼみとなった。
あいまいな形で始まり、責任の所在をはっきりさせないまま撤退して、新規事業が終わってきた現実は、日本社会の投影ともいえる。今回の検証作業に意味があるとすれば、単に予測されていた数字と現実のズレを比較することではなく、利用者である市民の視点を欠いたままの作られたブームを繰り返さないことにある、と考えている。
指定モデル都市の数を誇ったり補助金や交付金がばらまかれたりした「地域情報化」政策の愚かしさは繰り返すべきではない。ただ、都市と格差が開く地方に対する施策をすべて取りやめるのは賢明とは思えない。支援を必要とする地方には適切な政策を展開する、というごく当たり前の結論に落ち着くのだが、現実はそうなっていないと指摘しておきたい。希望的観測とつじつま合わせの足し算にすぎなかった「新規メディア計画」から、官も民も脱却する時期を迎えているとは断言できる。

*

本書は、朝日新聞の総合研究本部（現・ジャーナリスト学校）が発行する調査月刊誌『総研リポートＡＩＲ21』に二〇〇五年一月号から〇六年四月号まで十二回連載した「メディアの分岐点」と、同誌の〇七年二月号、四月号の論考について、新たなデータに修正し再構成した内容となっている。なお、第3部での識者六人に対するインタビューは、いずれも〇六年二月に行なわれた。『ＡＩＲ21』連載中、編集作業で貴重な指摘と助言をしていただいた岡本行正さんと故渾大坊三恵さんには、改めて感謝したい。

著　者

川本 裕司（かわもと・ひろし）

1959年 大阪府生まれ。
1981年 京都大教育学部卒。
同年 朝日新聞社入社。学芸部、社会部記者、企画報道部次長、総合研究本部メディア研究担当部長などを経て、2006年から編集委員。放送、通信、新聞をはじめとしたメディア全般を担当。
共著に『テレビ・ジャーナリズムの現在』（現代書館）、『被告席のメディア』（朝日新聞社）、「新聞をひらく」（樹花舎）がある。

ニューメディア「誤算」の構造

2007年11月15日　第１刷発行©

定価はカバーに
表示してあります

著　者　川　本　裕　司
発行者　田　悟　恒　雄
印刷所　(株)太平印刷社
製本所　矢　嶋　製　本（株）

発行所　(株)リベルタ出版
〒101-0064
東京都千代田区猿楽町1-4-8 松村ビル402
TEL.03-3293-2923 FAX.03-3293-3723
e-mail:YIE00336@nifty.ne.jp
http://homepage3.nifty.com/pub-liberta/
振替 00180-6-14083

ISBN 978-4-903724-08-9 C0036